Persönlichkeitskompass
nach Damir del Monte, siehe
Kapitel „Persönlichkeit. Eine
biologische Landkarte“ ab S. 149.

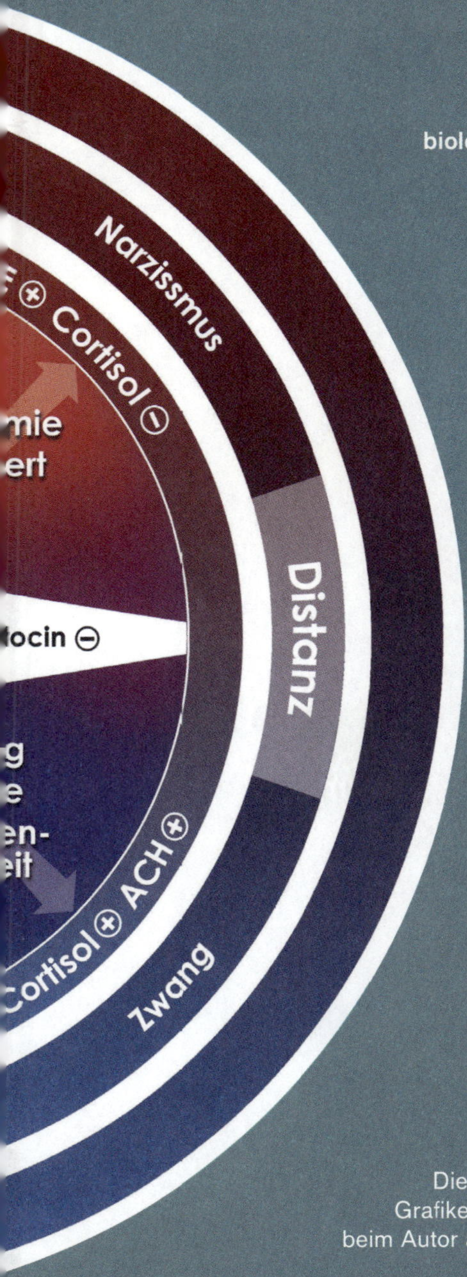

Diese und viele weitere
Grafiken zum Buch können
beim Autor angefordert werden.

DR. DR. DAMIR DEL MONTE

EIN DATE MIT DEINEM GEHIRN

EDITION INTEGRATIVES WISSEN

Die Autoren und Autorinnen der **Edition Integratives Wissen im Kneipp Verlag Wien** verbindet die Begeisterung für die Wissenschaft und eine ganzheitliche Sicht auf die Welt. Unser publizistisches Anliegen ist es, Wege zu einem guten und gesunden Leben zu öffnen.

Ulrich Ehrlenspiel und Elisabeth Stein-Hölzl

Melden Sie sich hier für unseren Newsletter an:

DR. DR. DAMIR DEL MONTE

EIN DATE MIT DEINEM GEHIRN

Wer die Hirnwelten versteht, braucht KI nicht zu fürchten

KNEIPP
VERLAG WIEN

Für Marymar

Inhalt

Unser Gehirn ist nicht nur ein Denkorgan, sondern vor allem auch ein soziales Organ.

Vorworte muss man nicht lesen ...

... mit Ausnahme von diesem.

DAS BUCH, das Sie in Händen halten, handelt vom Gehirn. Wer nun sogleich an graue Zellen, trockene Anatomie oder die üblichen Hymnen auf die Wunderwelt der Hirnforschung denkt, sei hiermit gewarnt oder besser: herzlich eingeladen. Denn der Mensch lebt nicht im luftleeren Raum. Sein Gehirn ist kein steriles Steuerzentrum, keine einsame Schaltzentrale im Dunkel des Schädels. Es ist ein Resonanzkörper – empfindsam, plastisch, tief durchdrungen von Welt. Es entsteht nicht im Vakuum, sondern im Verhältnis, im ständigen Dialog mit dem, was außen liegt und bald schon innen wirkt. Dieses Organ ist ein Meisterwerk der Evolution und zugleich Bühne für kulturelle Erzählungen, soziale Prägungen und manchmal auch persönliche Irrfahrten.

Wer das Gehirn verstehen will, muss auch die Welt verstehen, in der es sich formt, in der es sich entfaltet und in der es sich zuweilen auch verliert. Dieses Buch begibt sich daher auf mehr als nur eine Reise durch die grauen Windungen. Es blickt auf die Felder, in denen neuronale Landschaften gedeihen oder verkümmern: nicht zuletzt auf eine Gegenwart, in der Orientierung schwerfällt, in der Freiheit mitunter als Zumutung empfunden wird und in der Selbstoptimierung immer häufiger Empathie ersetzt.

Zwischen Reiz und Reaktion wohnt das Rätsel des Bewusstseins. Und hinter jedem synaptischen Aufleuchten schimmert die Vorstellung eines Ich – überzeugt von Kontrolle, getragen jedoch von Prozessen, die ihm verborgen bleiben.

Mehr denn je lohnt es, sich zu fragen, was den Menschen eigentlich ausmacht in einer Zeit, in der Maschinen lernen, zu sprechen, zu erkennen, zu antworten. Künstliche Intelligenz beeindruckt mit Geschwindigkeit, Präzision und Rechenkraft, jedoch kennt sie weder Berührung noch Bedürfnis, weder Schmerz noch Scham. Sie hat kein Ich, keine Bindung, keine Geschichte. Das menschliche Gehirn indessen fühlt mit, es ringt um Bedeutung. Es ist geprägt durch Geburt und Beziehung, durch Leiblichkeit und Bewusstsein. Und gerade weil wir Maschinen erschaffen, die immer menschenähnlicher wirken, sollten wir den Menschen selbst nicht aus den Augen verlieren.

Doch was geschieht, wenn wir das seelische Gleichgewicht des Einzelnen beschwören, dabei aber die sozialen Bedingungen übersehen, die es leise, jedoch wirksam untergraben können? Um unser Gehirn – und mithin den Menschen – zu begreifen, bedarf es einer doppelten Linse: Biologie und Kultur, Physiologie und Philosophie, Neurochemie und Lebenswelt.

Dieses Buch versucht, dieser Balance gerecht zu werden. Es erzählt von unserer Werdensgeschichte, von der Anatomie des Geistes und den Paradoxien der Gegenwart. Es ist eine Reise durch Synapsen, Sehnsucht und Sinnfragen; eine Einladung zum Staunen, zum Denken und zum Verknüpfen von scheinbar Getrenntem.

Und wenn Sie am Ende nicht nur ein wenig mehr über das Gehirn wissen, sondern auch einen anderen Blick auf sich selbst gewagt haben, dann hat sich diese Reise gelohnt. Machen wir uns also auf den Weg. Ich freue mich, dass Sie dabei sind.

Damir del Monte

Ursprung. Das Leben macht sich auf den Weg

Wer wir sind,
ist ein Echo all dessen,
was vor uns war.

STELLEN SIE SICH für einen Augenblick vor, die Sonne, um die unser Planet kreist, entspräche einer Orange. Unsere Sonne, die real einen Durchmesser von 1,4 Millionen Kilometern aufweist und die 150 Millionen Kilometer von uns entfernt residiert. An diesen Maßstab angepasst, schrumpft unsere Erde auf die Größe eines kleinen Reiskorns. Doch dieses Reiskorn, respektive die Erde, ruht nicht. Mit sage und schreibe 108.000 km/h rast unser Planet um die Sonne.[1] Welch eine bizarre Vorstellung! Metaphorisch gesprochen: Da sitzen wir kleinen Wesen auf einem Reiskorn, rasen durch die Dunkelheit und Kälte des Alls und fragen uns: Wer sind wir eigentlich? Und woher kommen wir?

Nach genau dieser Herkunft forschend stellt eine Variante der evolutionären Abstammungstheorie aktuell folgende Frage: Könnte es sein, dass wir – und mit uns alle aktuellen Lebewesen dieses Planeten – durch ein urzeitliches Ereignis auf tiefere Weise verbunden sind, als es auf den ersten Blick scheint? Könnte es sein, dass wir, wenn wir weit genug in die Vergangenheit blicken, erkennen, dass sich die gesamte biologische Vielfalt, die uns heute umgibt, auf einen Einzeller zurückführen lässt?

LUCA, so nennt man diese vermutete, gemeinsame Urform allen heute bekannten Lebens. Das Akronym steht für Last Universal Common Ancestor, die letzte gemeinsame Stammform aller heutigen zellulären Organismen. LUCA entstand nach neueren Schätzungen vor 4,2 Milliarden Jahren.[2] Auch wenn der Beginn des Lebens eher in einem Prozess als in einem einzelnen Individuum zu suchen ist, gilt LUCA als zentraler Knotenpunkt der evolutionären Entwicklung, aus dem heraus sich alles zelluläre Leben formte.

Alles begann mit einer Zellurform, die sich teilte, vervielfältigte und durch unzählige Mutationen und Anpassungen zu den unterschiedlichsten Lebensformen entwickelte. Eine schier ununterbrochene Kette des Lebens, die seit Milliarden von Jahren weitergegeben wird – und wir sind das vorläufige Ergebnis dieses gigantischen Experiments der Natur!

Wenn das so ist, dann steckt in jeder unserer Zellen eine uralte Geschichte. Die biochemischen Prozesse, die unser Denken ermöglichen, folgen denselben fundamentalen Prinzipien wie die Mechanismen, die eine Amöbe am Leben halten. Die neuronalen Netzwerke in unserem Gehirn arbeiten nach Mustern, die sich über viele Jahrmillionen aus einfacheren Reiz-Reaktions-Systemen entwickelt haben. Und unsere Verwandtschaftsverhältnisse mit allem Lebendigen reichen Milliarden von Jahren zurück. Es gibt Theorien, die etwas geradezu Magisches an sich haben.

UND WAHRLICH, ein Hauch von Magie ist nötig, wenn wir uns daran wagen, die Geschichte des menschlichen Gehirns zu erzählen. Denn es ist nichts Geringeres als der Versuch, den Spuren unseres „So-Geworden-Seins" zu folgen, eine kartografische Expedition in das vielschichtige Territorium unseres Geistes. Ich lade Sie ein zu einer Reise, die uns nicht durch ferne Galaxien, sondern in ein nahes Universum von unermesslicher Komplexität führt: jenes, das in unserem eigenen Kopf verborgen liegt. Ein Kosmos aus Milliarden vernetzter Zellen, in dem keine Sterne, dafür jedoch Gedanken aufleuchten. Erfahrungen weben sich ein in dieses gigantische Netzwerk und werden zu Erinnerungen. Wie ein Gravitationsfeld führt das Bewusstsein alle Prozesse zusammen und schenkt uns so eine erlebbare Ordnung.

Es ist meine Überzeugung, dass die spannendsten Abenteuer nicht in fernen, unerforschten Welten zu finden sind, sondern hier, in den komplexen Strukturen, die unsere geistige Innerlichkeit hervorzubringen vermögen: in unserem Gehirn. Trotz seiner Bedeutung für unser tägliches Agieren in der Welt fristet das Gehirn im Bewusstsein vieler Menschen ein erstaunlich unscheinbares Dasein. Während wir akribisch Kalorien zählen, Muskeln definieren und Atemstrategien perfektionieren, bleibt der wahre Dirigent unseres Erlebens häufig im Schatten unserer Aufmerksamkeit. Das Gehirn ist ein plastisches und dynamisches System, ein biologisches Meisterwerk der Selbstorganisation. Doch im Gegensatz zu einem Muskel, der durch sichtbare Kontraktion seine Aktivität verrät, arbeitet es im Stillen. Und genau hier liegt das Problem: Was sich unserer direkten Wahrnehmung entzieht, bleibt oft unberücksichtigt. Ganz im Gegensatz zu unserer körperlichen Erscheinung.

Doch es lohnt sich, unsere Aufmerksamkeit nicht allein auf äußere Formen zu richten, auf das Sichtbare, Messbare, Gestaltete. Es sind vor allem die inneren neuronalen und geistigen Grundlagen unseres Daseins, die Faszinierendes für uns bereithalten. Denn wirft man einen genaueren Blick auf das vorherrschende Spektrum menschlicher Verhaltensweisen, so drängt sich eine provokante, aber sehr wohl berechtigte Frage auf: Liegt die eigentliche Problemzone vielleicht weniger in Bauch, Beinen oder Po als vielmehr in den verschlungenen Strukturen unseres Gehirns und in dem Wirken unseres Geistes?

Gerade die Einsichten in die evolutionäre Entstehung und funktionelle Architektur jenes Organs, das nicht nur unsere Wahrnehmung der Welt steuert, sondern auch unser individuelles Erleben und kollektives Handeln formt, eröffnen tiefgreifende Perspektiven. Sie halten Antworten bereit auf viele jener fundamentalen Fragen, die unser Menschsein in all seiner Schönheit und Widersprüchlichkeit auszuloten suchen.

Quarks & Co.
Von den Grenzen des Verstehens

Am Rande des Verstehens
beginnt das Staunen –
und manchmal auch das Schweigen.

DREI GRUNDPFEILER tragen unser Verständnis des zu erkundenden Feldes. Sie bilden zugleich die Leitlinien, an denen wir uns orientieren wollen: die Wissenschaft als das bislang präziseste Instrument zur Erschließung der Natur; die Evolution, aus deren Tiefen sich unser Nervensystem formte, und schließlich die Bedeutsamkeit des Gehirns selbst, jener hochkomplexen Struktur, in der sich Denken, Fühlen und Handeln auf faszinierende Weise verdichten.

Unser Zugang zum Gehirn ist dabei kein spekulativer, kein tastender Griff ins Nebulöse. Sorgfältige Beobachtung, kontrollierte Experimente und kritische Reflexion führen uns zu Einsichten, die nicht nur momenthaft glänzen, sondern dauerhaft tragen.

Gleichzeitig gilt es anzuerkennen: Jeder Befund bleibt in Deutungsspielräume eingebettet. Selbst die klügste Einsicht kennt ihre Grenzen. Sie weiß um die Vorläufigkeit ihres Geltungsanspruchs. Wissenschaft, so verstanden, ist ein dynamischer Prozess des Verstehens: wach, offen, selbstkorrigierend.

Die modernen Neurowissenschaften verweben in diesem Geiste unter anderem Erkenntnisse aus Neuroanatomie und -physiologie, der molekularen Neurobiologie, Systemtheorie, Psychologie und Kognitionsforschung und trachten danach, ein integratives Gesamtbild zu zeichnen. Ein Bild des Gehirns und mithin eines denkenden, fühlenden, handelnden Menschen. Ein Bild, das nicht nur erklärt, sondern auch zum Staunen einlädt. Denn im Zentrum dieser Betrachtung steht ein Organ, das gleichermaßen als biochemisch hochdifferenzierte Maschine operiert und als schöpferischer Möglichkeitsraum menschlicher Erfahrung zu wirken vermag. Unser Gehirn ist Bühne und Regisseur zugleich, ein sich selbst organisierendes Wunderwerk, in dem sich Naturgeschichte, Gegenwartserleben und Zukunftsvision begegnen.

Das menschliche Gehirn ist dabei nicht als ein isoliertes und starres Phänomen zu betrachten, sondern als ein Produkt einer Milliarden Jahre währenden Entwicklung. In seinen tiefsten Strukturen bewahrt es Spuren früherer Lebensformen, die weit älter sind als die Gattung Mensch. Gleichzeitig zeigt es eine unvergleichliche Plastizität und Innovationskraft, die es dem Menschen ermöglicht, über seine biologischen Wurzeln hinauszuwachsen. Es ist nicht nur ein weiteres Organ des Körpers, es ist das Organ, das Körper, Geist und Umwelt miteinander verknüpft. In seinen Netzwerken entsteht, was uns zum Menschen macht: Bewusstsein, Erinnerung, Sprache, Kreativität und Selbstreflexion. Das Gehirn ist der Ort, an dem die Evolution sich selbst betrachtet, an dem Wissenschaft betrieben wird und an dem wir uns die Frage stellen können, wer wir eigentlich sind. Und so leiten uns bei der Beantwortung dieser großen Frage die Methoden der Wissenschaft, die evolutionäre Herkunft und die zentrale Rolle des Gehirns.

DOCH WIE kam eigentlich wissenschaftliches Denken in die Welt? Die Geburtsstunde der Wissenschaft schlug in jenem Augenblick, als ein Mensch – das überlieferte Wissen anzweifelnd – den Mut fand zu sagen: „Ich weiß es nicht." Es war der radikale Akt des Zweifelns, das bewusste Aushalten von Nichtwissen, der das Tor zu einer neuen Welt öffnete.

Für den Physiker und Wissenschaftshistoriker Carlo Rovelli, der sich den Ursprüngen wissenschaftlichen Denkens mit archäologischer Neugier widmet, trägt dieser Urmoment einen Namen: Anaximander von Milet.[3] Er lebte im 6. Jahrhundert vor Christus – also rund zwei Jahrhunderte vor der klassischen Blütezeit Athens – und war, so könnte man sagen, der erste Mensch, der versuchte, die Welt natürlich zu erklären.

Sein Verhältnis zur Welt war ein fragendes. Getragen von der Bereitschaft, auch das Selbstverständliche infrage zu stellen. Er formulierte erstmals in der überlieferten Geschichte eine kohärente Naturtheorie, jenseits göttlicher Interventionen. Was ihn auszeichnete, war nicht die Antwort, sondern das Denken in Möglichkeiten, das Anerkennen der Ungewissheit. Ein scheinbar bescheidener Akt, der sich als revolutionär erweisen sollte.

Ist es doch dieses vermeintlich banale Eingeständnis, das kritisches Denken hervorzubringen vermag. Ein Denken, das Bestehendes hinterfragt und den Zweifel kultiviert. Wissenschaft ist nicht einfach nur das Sammeln von Fakten, sondern in erster Linie eine Methode des Denkens. Als solche verstanden ist Wissenschaft kein Festhalten, sondern ein Loslassen. Kein Besitz, sondern ein Streben. Wissenschaft verkündet keine ewigen Wahrheiten, sondern lauscht mit Bedacht, was die Natur zu sagen hat. Und ja, die Natur hat denen, die ihr geduldig lauschen, schon sehr viele ihrer Geheimnisse offenbart. Doch ist die Welt dadurch wirklich verstehbar geworden? Ist es nicht vielmehr so, dass jede erhellende Antwort, die wir finden, neue Schatten aufwirft? Dass jedes Rätsel, das wir lösen, ein größeres freigibt?

Nehmen wir ein konkretes Beispiel: Betrachten wir einen Tisch. Vielleicht genau jenen, an dem Sie gerade sitzen und diese Zeilen lesen. Massives Holz, solide, verlässlich. Doch wie gelingt es diesem Holz, eine derartige Stabilität zu bewahren? Tauchen wir gemeinsam in die tiefsten Ebenen seiner Existenz hinab, so begegnen wir bald den fundamentalen Bausteinen der Materie: den Atomen. Diese winzigen, fast schon frechen Gesellen, die so tun, als wären sie Substanz, dabei bestehen sie, man glaubt es kaum, fast ausschließlich aus nichts. Leere, wohin das Auge – oder besser der Verstand – schaut.

Veranschaulichen wir es: Besäße ein Atom die Ausmaße eines Fußballstadions, dann wäre sein Atomkern nicht größer als, Sie ahnen es vielleicht schon, ein Reiskorn. Jawohl, ein Reiskorn! Winzig im Maßstab der Dinge, aber gewichtig im Gefüge der Welterklärung. Zumindest, wenn es um Anschaulichkeit geht. Denn was uns hier mit einem Schmunzeln vor Augen geführt wird, ist nichts Geringeres als die schlichte Ungeheuerlichkeit der Leere.

Und inmitten dieser Leere ein winziges Reiskorn, Pardon, ich meine natürlich den Atomkern. Um diesen schwir-

Das menschliche Gehirn ist Bühne und Regisseur zugleich, ein sich selbst organisierendes Wunderwerk.

ren nun Elektronen, jene scheuen Tänzer der Quantenwelt, die sich nicht entscheiden wollen, ob sie Teilchen oder Welle sein möchten. Je nachdem, wie wir hinsehen, erscheinen sie als das eine oder das andere. Die klassische Physik hätte hier vermutlich entnervt den Hut genommen, kreisen doch diese Elektronen nicht wie Mücken im Sommer, sondern eher wie Gedanken vor dem Einschlafen, unstet und flüchtig.

BLICKEN WIR NUN in das Innere des Atomkerns. Auch er entpuppt sich bei näherer Betrachtung als eine nahezu hohle Struktur. In seinem Innersten finden wir Protonen und Neutronen und noch tiefer in deren Innerem die Quarks. Sie wiederum werden von sogenannten Gluonen zusammengehalten, die wie unsichtbare kosmische Klammern wirken. Elektronen, Quarks und Gluonen zählen zu den Elementarteilchen. Und nun wird es erst richtig spannend: Diese Teilchen besitzen im Prinzip keine eigene Masse. Sie sind masselos![4] Sie tanzen, wenn man so will, schwerelos auf der Bühne des Universums.

Wie aber, fragt sich der neugierige Geist, entsteht aus masselosen Teilchen und leerem Raum etwas derart Solides wie ein Holztisch?

Hier betreten zwei weitere Darsteller die Bühne: Bewegungsenergie und das Higgs-Feld. Da Elementarteilchen nicht stillstehen – Bewegung ist ihr Lebenselixier – besitzen sie eine kinetische Energie. Und dank Einstein wissen wir: Energie und Masse sind zwei Seiten derselben Medaille ($E = mc^2$). Ferner durchqueren diese Teilchen das Higgs-Feld, ein unsichtbares, allgegenwärtiges Energiefeld, mit dem sie wechselwirken. Dabei erhalten sie eine Eigenschaft, die wir als Masse bezeichnen. Je stärker die Kopplung an dieses Feld, desto träger das Teilchen. Man könnte sagen: Das Higgs-Feld verleiht den Teilchen eine Art kosmische Trägheit.

Das Zusammenspiel von Bewegungsenergie, Higgs-Wechselwirkung und den Regeln der Quantenmechanik führt schließlich dazu, dass sich an der Oberfläche unserer Wahrnehmung eine feste Struktur zeigt: Holz, Tisch, ein stabiles Stück Welt. Materie, so könnte man poetisch sagen, ist eine Art geronnene Bewegung im Feld des Nichts. Beim Eindringen in die Tiefen der physikalischen Realität stoßen wir somit auf eine verblüffende Erkenntnis, die der Astrophysiker Josef Gaßner pointiert auf den Punkt bringt: „Materie ist aus Nichtmaterie aufgebaut“.[5]

Elektronen sind zugleich Teilchen *und* Welle. Licht ist Welle und Teilchen. Das Entweder-oder wird zum Sowohl-als-auch. Atome sind vor allem: leer. Sie haben kein fixes Aussehen, keine abschließende Bestimmung. Die Welt kennt Zustände, die unentschieden sind, schwebend, potentiell. Erst durch Wechselwirkung, durch Kontakt mit anderen Systemen, wird das Unbestimmte entschieden. Wir sprechen – als könnten Worte Verstehen gebären – von Quantenmechanik. Ein Fachgebiet, bei dem man sich nie ganz sicher ist, ob man gerade etwas verstanden hat oder nur besonders hübsch verwirrt ist. Welle? Ja. Teilchen? Auch. Zustand? Unentschieden.

Das Universum, so scheint es, ist nicht nur tiefgründig, es ist auch ausgesprochen verspielt. Und es hat ganz offensichtlich Sinn für Ironie.

MIT WISSENSCHAFT die Welt zu beschreiben, ist unendlich wertvoll und faszinierend. Zugleich lassen uns die gewonnenen Erkenntnisse – mit den Worten des Wissenschaftshistorikers Ernst Peter Fischer – einfach nur staunen.[6] Es ist ein gespanntes Innehalten. Nicht mit Wissen, nicht mit Erklärung, nicht mit Kontrolle, sondern mit einem Moment, in dem die Welt anders erscheint: größer, rätselhafter, lebendiger, als wir sie eben noch wahrgenommen haben. Dieses freudig erregte Innehalten nennen wir Staunen. Ein inneres Aufleuchten, ein Moment der Offenheit und des Aufbruchs. Ja, denn Staunen ist der Anfang des Denkens, weil es den Raum für Bedeutung öffnet, bevor die Begriffe ihn besetzen. Es ist die vielleicht ursprünglichste Gebärde des Denkens, weniger ein Zugriff, hingegen ein waches Offenhalten. Und auch heute, trotz all unserer wissenschaftlichen Errungenschaften, trotz der rasanten Technisierung unseres Lebens, bleibt das Staunen jener Ort, an dem die Suche nach Erkenntnis ihren inneren Kompass findet.

So gilt es anzuerkennen, dass menschliches Wissen – zumindest im Sinne eines wirklichen, durchdringenden Verstehens – an Grenzen stößt. Doch das ist kein Zweifel an der Wissenschaft, kein Rückzug ins Irrationale. Im Gegenteil, denn Wissenschaft lebt von der Grenze, nicht von ihrer Aufhebung. Wenn wir einen Erkenntnisraum durchschreiten, öffnet sich am Ende oft nicht die große Halle der Wahrheit, sondern ein weiteres, unscheinbares Türchen. Es führt in den nächsten Raum, tiefer, aber nie ganz abgeschlossen. Und so schreiten wir voran, Tür um Tür, Raum um Raum. Es könnte sein, dass wir niemals den letzten Raum erreichen, jenen ohne weitere Türen, ohne Rest, ohne Fragezeichen. Doch gerade das ist kein Grund zur Frustration. Denn das Fehlen endgültiger Gewissheiten ist nicht die Schwäche, sondern die Stärke wissenschaftlichen Denkens. Es ist die Bewegung selbst, die uns trägt. Die Ungewissheit ist unser Motor. Es ist die Ungewissheit, die unsere Neugier wachhält. Sie erlaubt uns, immer wieder neu zu staunen, und sie erinnert uns daran, die Demut vor dem nicht zu verlieren, was wir noch nicht wissen. Und vielleicht nie ganz wissen werden.

Können wir aber in dieser Welt überleben, ohne all die Dinge wirklich bis ins Letzte durchdringen und ohne die letzten Fragen in Gänze beantworten zu können? Ja, das können wir. In unserer alltäglichen Lebenswelt mussten wir uns weder für die interstellaren noch für die subatomaren Dimensionen kognitiv rüsten. Wir haben uns an das angepasst, was unmittelbar über unser Überleben entscheidet. Weder quantenmechanische Effekte des Mikrokosmos noch die Entfernungsdimensionen des Makrokosmos vermag unser Gehirn wirklich einzufangen.

Der Philosoph und Naturforscher Blaise Pascal stellte bereits im 17. Jahrhundert fest, dass sich der Mensch zwischen zwei Abgründen bewege: zwischen dem unendlich Großen und dem unendlich Kleinen.[7] Diese Zwischenwelt, die auch gerne als Mesokosmos bezeichnet wird, bewohnen wir mit unserem geistigen Vermögen und unserem körperlichen Sein. Und nach beiden Seiten blicken wir in die Unendlichkeit. Suchen Halt zu finden. Doch wie findet der Mensch Halt im Haltlosen?

Unter anderem durch die evolutionär gewachsenen Leistungen unseres Gehirns. Diese Leistungen sind das Ergebnis von Lern- und Anpassungsprozessen. Anpassungen, die es uns erlauben, uns in der Welt zurechtzufinden. Diese Anpassungsprozesse ermöglichen eine Interaktion mit den für unser Überleben bedeutsamen Ausschnitten der Welt. An diese sind wir angepasst. D. h. unsere Welterfassung wie auch unsere Art der Weltverarbeitung sind selektiv und begrenzt. Mit dem Eingeständnis, dass wir nur fühlen, denken und verstehen können, was unser Gehirn uns zu fühlen, zu denken und zu verstehen erlaubt, wollen wir uns auf Spurensuche begeben.

Wir wollen den Weg durch unsere Vergangenheit nachzeichnen, um ein tieferes Verständnis für unsere eigene Natur zu gewinnen. Wer den Menschen in seiner Tiefenstruktur zu begreifen sucht, kommt nicht umhin, zurückzuschauen. Denn der Weg zur Selbsterkenntnis führt über die Spuren der Vergangenheit: biologisch, psychologisch, kulturell. Wer die Wurzeln seines Daseins kennt, so meine Hoffnung, kann die Gegenwart nicht nur besser deuten, sondern auch bewusster gestalten. Es kann aus retrospektivem Verstehen eine prospektive Kraft erwachsen, die Fähigkeit, künftige Entwicklungen mit mehr Klarheit, Verantwortung und menschlicher Reife zu beeinflussen.

Dabei ist der Wunsch, unsere Herkunft zu ergründen, weit mehr als ein nostalgischer Affekt. Es ist eine dem Leben und Überleben dienende Notwendigkeit. Dem jeweiligen Zeitgeist geschuldete Welt- und Menschenbilder formen das unsichtbare Fundament gesellschaftlicher Praxis. Diese Leitbilder – meist unhinterfragt übernommen, oft unbewusst wirksam – entfalten eine große Wirkmächtigkeit. Doch was, wenn gesellschaftliche Fehlentwicklungen erkennbar werden? Es lohnt der kritische Blick auf die Lücken zwischen Menschenbild und Menschenwirklichkeit. Denn dort, wo Ideologien die Tiefe des Menschseins verkennen, entstehen häufig dysfunktionale Strukturen. Indem wir diese Diskrepanzen sichtbar machen, öffnen wir den Raum für etwas Neues: für die Entwicklung tragfähigerer Strategien unseres gemeinsamen Lebens.

Wer also den Mut hat, sich in die Tiefenschichten menschlicher Entwicklung und menschlichen Seins zu begeben, der entdeckt nicht nur, wer wir waren, sondern beginnt zu erahnen, wer wir sein könnten.

Evolution. Wie das Hirn zu wachsen begann

Am Ende einer langen Geschichte des Überlebens steht ein Organ, das über sich selbst zu staunen begann.

BEI DEM WORT Evolution denken die meisten von uns an den Ausspruch „Survival of the fittest". Das Überleben der Fittesten, Stärksten. Dieser Satz, der Charles Darwin in den Mund gelegt wurde, stammte ursprünglich von dem britischen Philosophen und Soziologen Herbert Spencer.[8] Doch wer auch immer ihn ersann: Er ist nicht korrekt. Zutreffender ist die Aussage: Evolution ist ein Überleben der „Gerade-gut-genug-Angepassten".

Die landläufige Meinung, die Natur sei eine Perfektionistin, gehört wohl selbst zu den größeren Missverständnissen der Evolution. Denn entgegen populärer Annahmen überleben keineswegs immer die Besten, Schönsten oder Klügsten. Vielmehr gilt: Es überlebt, was sich fortpflanzt. Punkt. Und dafür braucht es – biologisch gesehen – nicht zwingend Intelligenz, Anstand oder ästhetisches Feingefühl. Die Natur interessiert sich nicht für Rankings, IQ-Punkte oder moralische Hochleistung. Ihre einzige Frage lautet: Kommst du klar? Und hinterlässt du dabei Kopien von dir? Wenn ja: Willkommen im Genpool. Dass Fortpflanzungsfähigkeit und Geistesgröße nicht zwangsläufig miteinander korrelieren, lässt sich – wie ein kurzer Blick in die täglichen Weltnachrichten zeigt – empirisch leicht untermauern. Oder, um es mit einem kleinen Augenzwinkern zu sagen: Die Evolution hat keine Jury, keine Ethikkommission und auch keinen Schönheitsrat. Sie kennt nur eine Art von Würdigung: die Reproduktionsquote.

IN DER RAUEN SCHULE der Evolution zählt nicht, wer den edelsten Charakter hat, sondern wer rechtzeitig das Weite sucht. Dem Überleben dient es, wenn man sich im entscheidenden Moment gut aufplustern oder instinktiv zurückziehen kann. Auch hilft es, mit und nicht gegen den Strom zu schwimmen oder, ganz banal: einfach Glück zu haben. Mut ist zweifellos eine ehrbare Tugend, und gewiss ziert sie so manche leuchtende Ausnahme innerhalb unserer Art, doch im Großen und Ganzen ist das Naturell des Homo sapiens weniger heroisch als eher bemerkenswert pragmatisch. Und diese Fähigkeit zur Anpassung, zur kleinen Flucht nach vorn oder zur Seite, ist keineswegs verwerflich, sie ist biologisch sinnvoll. Denn wenn wir den rein biologischen Standpunkt einnehmen, dann geht es zunächst einmal nicht darum, Prinzipien zu verteidigen, sondern darum, nicht gefressen zu werden. Oder, um es mit einer bewährten Lebensregel aus der afrikanischen Steppe auf den Punkt zu bringen: Sie müssen nicht schneller rennen als der Löwe. Sie müssen nur schneller rennen als derjenige neben Ihnen.

Nein – die Evolution ist wahrlich kein Ponyhof. Und zu jener fernen Zeit, in der sie unsere frühesten Vorfahren hervorbrachte, war sie das noch viel weniger als heute. Nach heutigem Forschungsstand begann diese Entwicklung vor etwa 6 bis 7 Millionen Jahren.[9] Weit über 300.000 Generationen von uns entfernt. Der erste Schritt war eine Aufspaltung: Affen und Vormenschen trennten sich aus einer gemeinsamen Vorstufe in unterschiedliche Entwicklungslinien. Diese frühen Prozesse vollzogen sich auf dem afrikanischen Kontinent, der Wiege der Menschheit. Als eine der ältesten bekannten Formen dieser Vormenschenlinie, der sogenannten Homininen, gilt der Ardipithecus ramidus, der vor etwa 5 Millionen Jahren lebte. Ihm folgten vor etwa 4,4 Millionen Jahren die Australopithecinen, die bereits – wenn auch im Sinne eines Überganges – aufrecht gingen. Mit einer Gehirngröße von 350 bis 550 Gramm lagen sie lediglich auf dem Niveau heutiger Schimpansen.[10] Was aber trieb diese Frühformen körperlich in die Vertikale?

Klimatische Umbrüche, die schon damals den Lauf der Evolution mitbestimmten, führten immer wieder zu radikalen Veränderungen der Umwelt und damit zu neuen Herausforderungen. Jene Spezies, die sich flexibel verhielten und anpassen konnten, hatten die besten Überlebenschancen. Auch unsere Vorfahren gehörten dazu. So entwickelte sich in manchen Regionen Afrikas eine besondere Nischenstrategie: Sie begannen, an den Ufern von Seen und Flüssen auf Nahrungssuche zu gehen. Dies taten sie watend und mit aufgerichtetem Körper.

Die sogenannte Uferhypothese[11] geht davon aus, dass diese wassernahe Lebensweise zur Aufrichtung beitrug. Die Uferzonen boten reichlich eiweißhaltige Nahrung und das Waten im Wasser zwang zur Balance, zur Streckung, zur Vertikalisierung des Körpers. Gemeinsam mit anderen Faktoren – etwa der Ausbreitung in offenere Savannenlandschaften sowie nicht zuletzt der energetisch günstigeren Beanspruchung des Bewegungsapparats – leitete dies die Entwicklung des aufrechten Gangs ein.

Doch, und das ist eine oft übersehene Erkenntnis, das Gehirn wuchs dadurch zunächst nicht wesentlich. Über mehr als 2 Millionen Jahre blieb sein Volumen weitgehend konstant oder zeigte eine nur geringe Wachstumstendenz. Die kognitive Revolution ließ auf sich warten. Erst vor etwa 2,5 Millionen Jahren kam es zum nächsten größeren Umbruch: Neue klimatische Herausforderungen führten zu ausgeprägten Trockenzeiten. Die Nahrung wurde härter, faserreicher, schwerer verdaulich. Nun trat eine neue Art auf den Plan: der Homo habilis, wenig später gefolgt vom Homo rudolfensis. Ihre Gehirne brachten es schon auf bis zu 700 Gramm.[12] Dieser Wert gilt als eine Art Schwelle, über die es zu treten gilt, wenn Kognition in einem Sinne, der den Namen verdient, erwachen soll. So war es wohl kein Zufall, dass mit Homo habilis und Homo rudolfensis etwas gänzlich Neues in die Welt kam: die Werkzeugkultur. Sie begannen, erste Steinwerkzeuge herzustellen, nicht zufällig, sondern mit Intention, mit funktionaler Gestaltung. Damit bearbeiteten sie Nahrung, spalteten Knochen, öffneten harte Pflanzenstrukturen. Die technische Intelligenz war geboren. Und mit ihr begann auch die kulturelle Entwicklung. Ein Prozess, der das Menschsein von nun an prägen sollte.[13]

Es folgten weitere Homininenformen. Der vor 1,9 Millionen Jahren erstmalig in Erscheinung tretende Homo erectus – der aufrechte Mensch – war nicht der erste Hominine, der auf zwei Beinen lief, aber der erste, der vollständig an den aufrechten Gang angepasst war und unter den Paläoanthropologen als guter Läufer geführt wird. So gilt diese Gattung als entscheidender Meilenstein auf dem Weg zum modernen Menschen. Sein Hirngewicht betrug, als er vor etwa 800.000 Jahren Europa erreichte, stolze 1250 Gramm. Den Weg dahin werden wir gleich noch ein wenig ausleuchten. Doch zuvor wollen wir die Ahnenreihe mit dem Homo heidelbergensis komplettieren, jenem archaischen Homininen, der als gemeinsamer Vorfahre sowohl des Neandertalers als auch des Homo sapiens gilt. Die Aufspaltung der Linien erfolgte vor etwa 300.000 Jahren mit der Geburtsstunde des frühen Homo sapiens.[14] Allerdings zeigt sich hier die faszinierende Uneinigkeit der Datenquellen: Paläogenetische Analysen legen nahe, dass sich der Neandertalerzweig möglicherweise schon deutlich früher, nämlich vor über 400.000 Jahren, vom gemeinsamen Stammbaum abspaltete.[15]

UND DAS GEHIRN? Mit den ersten Formen der Gattung Homo (habilis, rudolfensis, ergaster) und insbesondere mit dem Homo erectus wurde eine Phase eingeläutet, in der das Gehirn zunächst leicht ansteigend, dann rasant zu wachsen begann. Neben dem – durch die frei gewordenen Finger immer feineren – Werkzeuggebrauch, der Fähigkeit, komplexere soziale Gemeinschaften aufzubauen und Sprache auszuformen, steht z. B. ein Gen im Verdacht, Nervenzellen stärker wachsen zu lassen, das menschenspezifische Gen ARHGAP11B.[16] Es entstand schon vor 5 Millionen Jahren, zunächst jedoch ohne jeglichen Effekt. Erst eine minimale Veränderung, eine Mutation, der Austausch einer einzigen Base, versetzte das Gen in die Lage, das Nervenzellwachstum zu steigern. Dies geschah vor etwa einer Million Jahren (die Schätzungen bewegen sich zwischen 1,5 Millionen bis 500.000 Jahren).

Eine kleine Mutation nach geschätzten 4 Millionen Jahren der Ruhe und das Gehirn beginnt zu wachsen. Welch Faszinosum! Erst vor wenigen Jahren haben Forscher dieses besondere und dem Menschen eigene Gen gezielt in das Erbgut von Mäusen und Kapuzineräffchen eingeschleust. Die Wirkung war erstaunlich. In beiden Fällen kam es zu einer signifikanten Zunahme des neuronalen Wachstums im Gehirn. Insbesondere im Neokortex wurde eine verstärkte Zellvermehrung beobachtet. Die Experimente bestätigten damit eindrucksvoll: ARHGAP11B wirkt als eine Art genetischer Verstärker der Gehirnentwicklung.

Doch dieser biochemische Booster ist nicht der einzige genetische Baustein, der zur Vergrößerung des menschlichen Gehirns beitrug. Weitere menschenspezifische Genvarianten wie NOTCH2NL, das vor weniger als 3 Millionen Jahren entstand und die Teilung neuronaler Vorläuferzellen verstärkt,[17] oder SRGAP2C, das durch die Verzögerung der Synapsenreifung eine verlängerte neuronale Plastizität ermöglicht, ergänzen das Bild.[18] So gründet sich die kognitive Sonderstellung des Homo sapiens nicht auf einem einzelnen „Gehirn-Gen". Entscheidend ist das Zusammenspiel mehrerer genetischer Innovationen, ein molekulares Mosaik der Evolution, das die Vermehrung, Reifung und Verschaltung von Nervenzellen anzuregen vermochte. Auf diese Weise entstanden jene hochkomplexen neuronalen Netzwerke, in denen nicht nur Information fließt, sondern Bewusstsein erwachen konnte.

Bei aller Begeisterung für diese faszinierenden Befunde, die Genetik allein wird es nicht geschafft haben. Ein weite-

Das menschliche Gehirn ist nicht gewachsen, weil wir aufrecht gehen, sondern weil jemand irgendwann gefragt hat: „Was passiert eigentlich, wenn wir das Mammut ins Feuer legen?“

rer Faktor, der von der Neurowissenschaftlerin Suzana Herculano-Houzel hervorgehoben wird, verdient ebenfalls Beachtung: die Entdeckung und Zähmung des Feuers.[19] Sie geschah durch den schon erwähnten Homo erectus vor etwa 1,5 Millionen Jahren. Wie ist hier der Zusammenhang?

Stellen Sie sich vor, Sie beobachten einen Gorilla in freier Wildbahn, wie er Stunde um Stunde damit verbringt, Blätter zu kauen. Dies tut er nicht aus Lust, sondern aus Notwendigkeit. Warum? Weil sein Verdauungssystem auf eine energiearme, schwer verdauliche Kost ausgelegt ist. Dieser Umstand zwingt ihn dazu, acht Stunden am Tag mit Kauen zu verbringen. Acht Stunden, einzig, um die Energie für das relativ kleine Gehirn aufzutreiben. Täten wir es ihm gleich, so wären wir – um unser Gehirn ausreichend zu versorgen – über neun Stunden täglich mit Salatessen beschäftigt.[20] Doch das müssen wir nicht, denn wir haben Feuer gemacht! Seien wir ehrlich, Rohkost ist zwar sehr gut für die Figur, aber nicht unbedingt der Treibstoff für ein High-Performance-Gehirn. Vor allem, wenn man bedenkt, dass die pflanzliche Kost unserer Vorfahren aus wilden, nicht kultivierten Pflanzen bestand, die sie in ihrer Umgebung fanden. Diese Pflanzen waren oft kleiner, bitterer und schwerer verdaulich als die heutigen domestizierten Varianten.

Mit dem Feuer kam das Kochen. Und in diesem Entwicklungsschritt sieht Suzana Herculano-Houzel den bedeutsamsten Faktor für die evolutionäre Größenzunahme des Gehirns. Denn plötzlich wurden Kalorien leichter zugänglich, Nährstoffe besser und viel schneller aufnehmbar. Das Gehirn, das enorme Energiemengen benötigt, erhielt diese nun und konnte effizienter wachsen. Aufgrund dieser Entwicklung und der dadurch wesentlich einfacheren Nahrungsresorption konnte sich auch der Magen-Darm-Kanal beträchtlich verkürzen. Das setzte weitere Energien frei, die ebenfalls dem Gehirn zugutekamen. Statt also stundenlang zu kauen, hatten unsere Vorfahren nun Zeit, sich hinzusetzen, am Lagerfeuer Geschichten zu erzählen und darüber nachzudenken, wie man das nächste Mammut effizienter jagt.

Fazit: Das menschliche Gehirn ist nicht gewachsen, weil wir aufrecht gehen, sondern weil jemand irgendwann gefragt hat: „Was passiert eigentlich, wenn wir das Mammut ins Feuer legen?“ Et voilà – die Revolution innerhalb der Evolution begann. Und heute besitzen wir alle ein prachtvolles 1,3- bis 1,4-kg-Hochleistungs-Gehirn, während unser Gorilla-Freund immer noch kaut.

WIE ABER ENTWICKELTE sich die Beziehung zwischen Mensch und Nahrung weiter? Und handelt es sich dabei ausschließlich um eine Erfolgsgeschichte? Es gibt historische Wendepunkte, die nicht durch Kriege oder Umstürze geprägt sind, sondern durch leise Verschiebungen in der Lebensweise des Menschen. Unspektakulär in ihrer Erscheinung, aber tiefgreifend in ihrer Wirkung. Eine solche Zäsur markierte die Neolithische Revolution, jenen stillen Umbruch, in dem der Mensch aufhörte, der Wildnis zu folgen, und stattdessen begann, den Boden systematisch zu bearbeiten. Dieser sanfte, doch folgenschwere Wandel nahm vor rund 12.000 Jahren im sogenannten fruchtbaren Halbmond des heutigen Nahen Ostens seinen Anfang.[21] Von dort aus verbreitete sich das agrarische Lebensmodell über Generationen und Jahrtausende hinweg. Still, stetig, unwiderstehlich. Nicht durch Eroberung, sondern durch Verheißung auf Sättigung, Vorrat und Sicherheit.

Unsere Vorfahren wurden also sesshaft. Ackerbau und Viehzucht ermöglichten erstmals die gezielte Produktion von Nahrung über den Moment hinaus. Nahrung für morgen, für die Familie, für den Winter. Der Mensch war nun nicht mehr Konsument der Natur, sondern ihr Gestalter. Doch war es in Wahrheit nicht nur die Landschaft, die hier umgepflügt wurde, es war auch das Innere des Menschen. Der Homo sapiens, bis dahin ein flexibler Nomade mit sensorischer Wachheit und rhythmischem Lebensbezug, band sich fortan an ein Stück Erde. Und mit dem ersten gepflanzten Korn begann eine Transformation, nicht nur der Umwelt, sondern auch des Denkens, der Körperlichkeit, der sozialen Beziehungen.

So traten mit der Sesshaftigkeit Besitz und Eigentum als Ordnungskategorien stärker ins menschliche Bewusstsein. Was zuvor geteilt, getauscht oder gemeinsam genutzt wurde, erhielt Grenzen, Zäune, Anspruchsrechte. Ressourcen wurden nicht mehr gesucht, sie wurden gesichert. Und mit der Sicherung kam das Abgrenzen, das Bewerten, das Vergleichen. Es entstand – nicht primär durch rohe Körperkraft, sondern durch die Dynamik von Besitz, Produktion und Vorratshaltung – eine neue soziale Architektur: Hierarchien, Machtgefälle und soziale Ungleichheit. Nicht als moralischer Fehltritt, sondern als strukturelle Konsequenz einer veränderten Lebensform.

Nach der evolutionsbiologischen Perspektive, wie sie van Schaik und Michel vertreten,[22] brachte der Übergang zur Sesshaftigkeit neben neuen Siedlungsformen auch grundlegend veränderte Geschlechterverhältnisse hervor. Während der weitaus längeren Phase des menschlichen Daseins als mobile Jäger- und Sammlergruppen herrschte eine vergleichsweise egalitäre Balance zwischen den Geschlechtern: Männer jagten, Frauen sammelten und beide trugen auf unterschiedliche, aber gleichwertige Weise zum Überleben bei. Diese komplementäre Aufgabenverteilung schuf eine strukturelle Abhängigkeit, die sich stabilisierend auf das soziale Gefüge auswirkte. Eigentum war weitgehend geteilt, Verantwortung wurde kollektiv getragen, und Kinder galten als gemeinschaftliches Gut.

In diesem Modell konnte sich das biologische wie soziale Potenzial beider Geschlechter entfalten, nicht vollkommen symmetrisch, wohl aber funktional gleichwertig. Mit dem Sesshaftwerden, das mit der Einführung von Vorratshaltung, Privateigentum und territorialer Kontrolle einherging, veränderten sich die Spielregeln. Besitz wurde individualisierbar, Hierarchien manifestierten sich, und die zuvor balancierte Geschlechterordnung verlor ihr Gleichgewicht. Auch wenn diese Erzählung heute durch alternative Sichtweisen, etwa jene von Graeber und Wengrow,[23] kritisch ergänzt wird, bietet sie doch ein plausibles Deutungsmodell für den tiefgreifenden sozialen Wandel, den die Neolithische Revolution mit sich brachte.

Mit der Sesshaftigkeit veränderten sich die Spielregeln. Was zuvor bewegt war, wurde nun befestigt. Und mit dem Privateigentum rückten zwei Aspekte ins Zentrum: der Schutz des Besitzes und die Sicherung der Abstammung. Denn wer Land vererben will, will wissen, wer sein Kind ist. In dieser Logik versprach die Kontrolle weiblicher Fruchtbarkeit (vermeintliche) Gewissheit. Zugleich brauchte diese neue Besitzgesellschaft Hüter des Territoriums, Verteidiger von Vorräten, Aufpasser des Eigentums. Männliche Körperkraft, lange funktional für Jagd oder Revierverhalten, erhielt eine neue soziale Bedeutung – Macht durch Schutz und Macht durch Kontrolle. So begann eine der folgenreichsten kulturellen Konstruktionen der Menschheitsgeschichte, die Erfindung des Patriarchats.[24] Nicht als Ausdruck biologischer Notwendigkeit, nicht durch Genetik festgeschrieben, sondern als soziale Antwort auf eine neue ökologische und ökonomische Situation, geboren aus Besitzlogik, Erbinteresse und archaischer Angst vor dem Kontrollverlust.

Der umfassende Wandel, der sich damals vollzog, bereitete aber auch den Boden für das, was wir heute Zivilisation nennen – Handel, Arbeitsteilung, Vorratswirtschaft, Urbanisierung. Aus kleinen Siedlungen wurden Dörfer, aus Dörfern Städte, aus Städten Hochkulturen. Was der Mensch an Freiheit der Bewegung verlor, gewann er an Erweiterung des sozialen Gefüges. Die Geburt des Eigentums war ein Akt der Abgrenzung, der zugleich eine Zunahme an Komplexität ermöglichte. Doch wie jede große kulturelle Leistung hatte auch diese ihren Preis. Der Übergang zur Landwirtschaft

Was früher der Pflug war, ist heute der Algorithmus, ein Werkzeug, das uns stärkt und zugleich bindet.

brachte zwar mehr Nahrung, aber auch mehr Abhängigkeit von wenigen Grundnahrungsmitteln. Plötzlich verfügte der Mensch nicht mehr über einen zwar in der Menge begrenzten, aber doch abwechslungsreichen Speiseplan, sondern wurde zunehmend zum Konsumenten kohlenhydratreicher Getreideprodukte.[25] Die Ernährung wurde energiereicher, aber monotoner und mit dieser Monotonie kamen – aufgegipfelt durch die industrialisierte Nahrungsmittelproduktion – die ersten Zivilisationskrankheiten: Karies, Übergewicht, später Diabetes.[26] Zudem förderte die Nähe zu domestizierten Tieren die Ausbreitung von Zoonosen, Krankheiten, die vom Tier auf den Menschen übergehen. Ein evolutionäres Risiko, das zugunsten der Versorgungssicherheit eingegangen wurde.

Wir sind eben keine bloßen Herrscher über die Natur, sondern Teil eines dynamischen Wechselspiels von Formung und Gefügigmachung. Das Getreide hat uns satt gemacht, aber auch abhängig. Wir bauten eine Ordnung und begannen, unter ihren Bedingungen zu leben. Ein ähnliches Paradoxon offenbart sich heute im Zeitalter der digitalen Revolution. Wir entwickeln künstliche Intelligenzen, um Komplexität zu bewältigen, und verkomplizieren dadurch unsere Lebenswelt in einem Maße, dass die Kontrolle über sie zunehmend dem menschlichen Zugriff entzogen wird.

Wir bauen Systeme, die lernen. Und während sie lernen, verändern sie nicht nur unsere Handlungsspielräume, sondern auch unser Denken.

So wie der Ackerbau einst den Boden für Zivilisation bereitete, bereiten neuronale Netze heute den Boden für eine neue Kulturtechnik, die Delegation kognitiver Arbeit an Maschinen. Was früher der Pflug war, ist heute der Algorithmus, ein Werkzeug, das uns stärkt und zugleich bindet. Mit jeder Zeile Code entsteht nicht nur Effizienz, sondern auch eine neue Form der Abhängigkeit. Denn wie der frühe Bauer von seinen Feldern nicht mehr einfach zurück ins Jägerdasein konnte, so kann der vernetzte Mensch des 21. Jahrhunderts nicht mehr zurück in eine gänzlich analoge Welt. Zu verlockend sind die Versprechen der digitalen Welt, zu tief greifen ihre Strukturen schon heute in unsere Lebenswelt ein.

Dabei ist es nicht die Technik, die uns beherrscht. Es ist die Art und Weise, wie wir sie in unsere sozialen und psychologischen Ordnungen einbetten. Der Acker zwang niemanden, Monokulturen zu pflanzen, doch das Streben nach Sicherheit und Berechenbarkeit tat es. Ebenso zwingt uns keine KI zur Selbstentmündigung, aber das Bedürfnis nach Effizienz, Kontrolle und Bequemlichkeit verführt uns dazu. Und wie einst die Domestizierung der Tiere neue Krankheiten ermöglichte, so birgt die Domestizierung unserer Aufmerksamkeiten durch digitale Systeme neue mentale Risiken – Konzentrationsverlust, Unruhe, digitale Erschöpfung.

Die Digitalisierung ist das neue Getreide. Nährend, aber auch abhängig machend. Heute wie damals stellt sich nicht die Frage, ob wir zurückgehen können, sondern wie bewusst wir mit dem umgehen, was wir geschaffen haben.

SCHON LANGE vor der Digitalisierung machte technischer Fortschritt das Leben effizient, nicht zuletzt im Hinblick auf unsere Ernährung. Der Kühlschrank hält das Essen frisch, im Supermarkt ist es bequem verfügbar, der Lieferservice bringt es in Minuten auf den Teller. Die Jagd wurde ersetzt durch den Gang zum Drive-in, das mühsame Sammeln durch einen Klick in einer App. Nahrung ist nicht mehr knapp, sie ist allgegenwärtig. Und so lebt der menschliche Körper, der über Jahrmillionen auf Hungersnöte vorbereitet wurde, heute im permanenten Kalorienüberfluss. „Survival of the fittest" wird ersetzt durch „survival of the fullest". Das Ergebnis: Adipositas, Stoffwechselerkrankungen, chronische Entzündungsprozesse.

Und unsere Antwort auf dieses Dilemma? Wir kehren zurück – zur Rohkost und zum mühsamen Kauen als neuem Statussymbol. Nach Jahrtausenden der kulinarischen Evolution, nach Feuer, Töpfen, Dampfgarern und Mikrowellen feiern wir das Unverarbeitete als das Wahre. Möglicherweise ist genau das ein Merkmal evolutionärer Intelligenz: sich vorwärts zu entwickeln und doch zu erkennen, dass in der Vergangenheit nicht alles so schlecht war, wie es unter dem Staub der Fortschrittserzählung erschien.

Anpassung und Antrieb. Der Drang, die Welt verfügbar zu machen

Evolution lehrt Anpassung – der Mensch wurde ihr Meisterschüler und schritt zur Weltaneignung.

BLICKEN WIR noch einmal zurück in die Tiefen der Zeit. Der Homo sapiens in seiner ursprünglichen Form betrat vor etwa 300.000 Jahren die evolutionäre Bühne. Diese frühe Variante, oftmals als „archaischer Homo sapiens“ bezeichnet, unterscheidet sich genetisch noch vom modernen Menschen.[27] Der moderne Homo sapiens, dessen physiologische und genetische Merkmale mit den unseren weitgehend übereinstimmen, entwickelte sich vor rund 200.000 Jahren.[28]

Diese zeitliche Einordnung verdanken wir maßgeblich den Erkenntnissen der Paläogenetik, insbesondere der Analyse der sogenannten mitochondrialen DNA. Dabei handelt es sich um eine besondere Form der Erbinformation, die nicht im Zellkern, sondern in den Mitochondrien, den Kraftwerken der Zelle, gespeichert ist. Das Besondere: Mitochondriale DNA wird ausschließlich über die mütterliche Linie vererbt und erlaubt somit eine einzigartige Spurensuche in der weiblichen Ahnengalerie der Menschheit. Auf diesem Wege konnten Forscher die Abstammungslinien rekonstruieren und den Ursprung des modernen Menschen in Afrika verorten, wo sich diese Linien genetisch am tiefsten verzweigen.

Die so gefundene „mitochondriale Eva“ war nicht die erste Frau der Menschheit und auch nicht die einzige Frau, die damals lebte. Vielmehr ist sie jene letzte gemeinsame Vorfahrin, von der die heute lebenden Menschen ihre mitochondriale DNA geerbt haben.[29]

Die Entwicklung, die am Ende zu uns führte, vollzog keine zielstrebige, gerade Bewegung. Es war eher ein Geflecht aus Zufällen, Anpassungen, Begegnungen und Verdrängungen, das zu uns führte. So teilten sich noch vor rund 70.000 Jahren mehrere Menschenarten die Erde: Neandertaler, die ihr Kerngebiet in Europa hatten, Denisova-Menschen in Asien, Homo floresiensis in Indonesien und weitere, deren Spuren sich nur noch archäologisch erahnen lassen. Sowohl den Neandertalern als auch den Denisova-Menschen sind wir begegnet, mit ihnen punktuell auch intim geworden. Es drängt sich die Frage auf, warum am Ende nur eine Art übrigblieb – wir?

Vielleicht waren wir gewaltbereiter als andere Menschenarten? Sehr wohl möglich. Doch wahrscheinlicher ist: Unsere Vorfahren waren flexibler, anpassungsfähiger und sprachlich hochgerüstet. Die Sprache war nicht nur ein Werkzeug der Verständigung, sondern ein Katalysator des Denkens. Denn mit ihr wurde eine Fähigkeit zur Vollendung gebracht, die neurobiologisch über lange Zeit und viele Entwicklungsschritte vorbereitet werden musste, aber erst durch eine anspruchsvollere Sprache erblühen konnte: das symbolische Denken. Also das Erschaffen einer zweiten

Wirklichkeit im Geiste. Nicht, dass diese Fähigkeiten den anderen Menschenarten völlig gefehlt hätten, doch unsere Vorfahren brachten sie zur Meisterschaft.

Anatomische Rekonstruktionen an fossilen Funden zeigen, dass schon der Homo heidelbergensis vor über einer halben Million Jahren über ein Zungenbein verfügte, das dem unseren gleicht. Das ist kein Beweis, jedoch ein Hinweis auf eine ausgeprägte Sprechfähigkeit.[30] Doch die Ausformung einer grammatisch anspruchsvollen Sprache erfuhr wahrscheinlich erst vor 120.000 bis 100.000 Jahren eine markante Aufgipfelung. Das darf mit Fug und Recht als ein zentraler Meilenstein im Werdungsprozess des Homo sapiens betrachtet werden.[31] In dieser Entwicklungsphase, so eine Annahme, kam es zu einem Ausbau des Broca-Areals.[32] Dieses Zentrum hilft dem Gehirn, Wörter in sinnvoller Reihenfolge anzuordnen, damit aus einzelnen Lauten oder Begriffen grammatisch korrekte Sätze entstehen. Es erlaubt uns nicht nur, Worte zu formen, sondern auch ihre Beziehungen zueinander zu erfassen. Man könnte sagen: Das Broca-Areal ist so etwas wie das Regiezentrum unserer Sprachfähigkeit. Es sorgt dafür, dass unsere Gedanken nicht nur in Wörter, sondern in verstehbare sprachliche Gebilde übersetzt werden.

Mit einer zeitlichen Verzögerung – einer Art kulturellen Inkubationszeit – von etwa 30.000 bis 40.000 Jahren entfaltete sich schließlich eine kognitive und kulturelle Dynamik von zuvor unbekanntem Ausmaß. Die Fähigkeit, mittels Sprache nicht nur unmittelbar Wirklichkeit zu beschreiben, sondern eine zweite symbolische Ebene geistiger Repräsentation zu etablieren, führte zu einem evolutionären Kreativitätsschub. Sozialer Zusammenhalt, rituelle Praktiken,

Kunst und erste kulturelle Überlieferungen wurden möglich, Ausdruck eines wachsenden kollektiven Bewusstseins und einer wachsenden Welt in den Köpfen.[33]

Ein mögliches Ergebnis dieser Entwicklung: Niemals zuvor war es einer Menschenart gelungen, sich innerhalb einer relativ kurzen Zeit in so dramatischer Art und Weise zu verbreiten. Dieser Marsch über die Kontinente startete im großen Stil vor etwa 50.000 Jahren. Innerhalb von etwa 10.000 Jahren breitete sich der Homo sapiens über Europa, Asien und Australien aus.[34]

Zusammenfassend dürfen wir festhalten, dass der Homo sapiens in besonderer Weise in der Lage war, sich an unterschiedliche Umwelten anzupassen. Das drückte sich auch in einer ausgeprägten Fruchtbarkeit aus. Vor allem aber baute er nicht nur Werkzeuge, er baute Vorstellungen. Er erschuf eine Welt aus Gedanken und gemeinsamen Geschichten. Sie ermöglichten Kooperation auch über größere Gemeinschaften hinweg und ein soziales Lernen, das Generationen überspannte. Was den Homo sapiens also auszeichnete, war diese einzigartige Verbindung von biologischer Anpassungsfähigkeit und kultureller Lernfähigkeit. Ein Gehirn, das sowohl reagierte als auch antizipierte. Und eine Gemeinschaft, die nicht nur überlebte, sondern deutete, plante, konstruierte, erinnerte und weitergab. Nicht der Stärkste hat überlebt, sondern derjenige, der Bedeutung teilen konnte.

EIN FAKTOR, der diese Fähigkeiten tatsächlich unterstützt haben könnte, ist unser ausgeprägter Spieltrieb. Fachleute sprechen von Neotenie. Das bedeutet nichts anderes, als dass kindliche Merkmale bis in das Erwachsenenalter beibehalten werden, hier auf den Spieltrieb angewandt. Dieses Phänomen ist ein charmantes Überbleibsel der Evolution und tatsächlich ein echter Trumpf. Denn spielerisches Denken fördert Flexibilität, Fantasie und Experimentierfreude. Natürlich führt nicht jedes spielerische Herumtüfteln gleich zur nächsten großen Erfindung oder zum Bau einer imposanten Kathedrale. Aber seien wir ehrlich. Ein geselliger Spieleabend mit Freunden, ein hitziges Fußballmatch im Park oder das liebevolle Aufbauen einer Modelleisenbahn haben ihren ganz eigenen Zauber. Vielleicht ist es genau dieser kindliche Funke, der uns daran erinnert, dass nicht alles im Leben einen Zweck erfüllen muss. Manchmal reicht pure Freude am Spiel. Und wie nebenbei bleibt unsere Kreativität lebendig, unser Geist vital und unsere Freude am Tüfteln kindlich frisch.

Mit diesem Spieltrieb gepaart, zeigt der Homo sapiens ebenso eine schier unbändige Neugier, eine Abenteuerlust. Wie sehr Neugier die Entwicklung des Menschen beflügelt, zeigen heutige neurowissenschaftliche Studien. So konnte die Arbeitsgruppe von Charan Ranganath von der University of California nachweisen, dass Neugier die Aktivität des hirneigenen Belohnungssystems steigert und dadurch neben der Aufmerksamkeit auch die Fähigkeit zur langfristigen Gedächtniskonsolidierung fördert.[35] Mit anderen Worten: Wer neugierig ist, lernt besser und erinnert nachhaltiger. Offenheit für neue Informationen und Erfahrungen wirkt dabei wie ein Dünger für die geistige Aktionsbereitschaft.

Ob Spieltrieb oder Neugier, beides beschreibt in erster Linie eine mentale Agilität und Antriebskraft. Doch lässt sich etwas hinter diesen Phänomenen erkennen? Ist da vielleicht ein grundsätzlicheres evolutionäres Prinzip, das uns innewohnt und auf das Spieltrieb und Neugier nur verweisen?

Homo sapiens – das klingt in seiner akademischen Nüchternheit beinahe nach einer genau definierten, abgeschlossenen, fertigen Figur. Als sei da ein „kluger Mensch", ein evolutionäres Endprodukt, das aufrecht und mit geistigem Vermögen durch die Geschichte schreitet. Doch schaut man genauer hin, entdeckt man etwas ganz anderes – keine Vollendung, sondern Bewegung, keine Ruhe, sondern ein ständiges Weiter. Der Mensch, so könnte man sagen, ist ein Wesen der Unruhe. Was ihn von anderen Homininen unterscheidet, ist eben nicht nur die Intelligenz oder die Raffinesse seiner Werkzeuge. Es ist vielmehr ein tief in ihm eingewobener Drang nach mehr. Nach mehr Erfahrung, mehr Erkenntnis, mehr Welt.[36] Spieltrieb, Neugier oder Sehnsucht sind Facetten dieses Dranges. Jenseits aller Begriffe stellen wir fest: Der Mensch will mehr; mehr Optionen, mehr Horizont, mehr Welt.

Wenn wir einen roten Faden durch die Menschheitsgeschichte ziehen wollten, dann ließe er sich mit einem Wort benennen: Welterschließung. Ob in der Steinzeit, als unsere Vorfahren das Feuer zähmten und begannen, Werkzeuge zu formen, oder in der Neuzeit, als Schiffe über die Weltmeere segelten, ohne zu wissen, was hinter dem Horizont lauert. Immer ging es darum, mehr Welt in Reichweite zu bringen, wie der Soziologe Hartmut Rosa es so treffend formuliert hat.[37] Reichweite meint hier die physische Distanz wie auch die Verfügbarkeit von Welt insgesamt – das Verstehen, Erleben, Formen, Benutzen und Kontrollieren dessen, was bisher unbekannt, fremd oder unzugänglich war. Der Mensch

Der Mensch, ist ein Wesen der Unruhe. Was ihn von anderen Homininen unterscheidet, ist ein tief in ihm eingewobener Drang nach mehr.

als evolutionär handlungsorientiertes Wesen will nicht nur da sein, er will wirksam sein. Und dazu braucht er Handlungsspielraum. So ist das Streben nach Erweiterung des Handlungs- und Gestaltungsspielraums nur logische Konsequenz der auf Handlungsfähigkeit getrimmten biologischen Basis. Wir sind Wesen der Möglichkeitsmaximierung.

Diese Dynamik ist weder eine Erscheinung der Moderne noch das Ergebnis einer kapitalistischen Wirtschaftsordnung. Vielmehr haben wir es mit einer tieferliegenden Bewegung zu tun, einer anthropologischen Grundmelodie. Andere Menschengattungen wären kaum auf die Idee gekommen, sich auf ein Floß zu setzen und über den offenen Ozean zu paddeln, ohne zu wissen, ob ein Zielort überhaupt existiert, ohne Orientierung und meist auch ohne Rückweg. Doch genau das taten unsere Vorfahren. Warum? Weil sie es mussten. Nicht aus Zwang, sondern aus einem inneren Drang heraus, der stärker war als die Angst. Vielleicht war es Wagemut, vielleicht Wahnsinn. Wahrscheinlich beides. Aber es war eben diese noble Form von Unvernunft, die den Homo sapiens zum Grenzgänger der Evolution machte. Eine Kraft in sich tragend, die ihn bis heute immer wieder hinaustreibt, über Grenzen hinweg, über sich selbst hinaus.

Mit diesem Antrieb ausgestattet, stehen wir heute vor einem Dilemma, denn die Geschwindigkeit, mit der wir neue Welten erschließen, hat eine Qualität erreicht, die alles bislang Dagewesene übersteigt. Mit der globalen Vernetzung, der digitalen Transformation und der künstlichen Intelligenz erleben wir einen evolutionären Quantensprung in Echtzeit.

DIE VORSTELLUNG, man könne diese Entwicklungen durch bloßes Verbot zähmen, ist – vor dem Hintergrund des bisher Beschriebenen – kritisch zu sehen. Verbieten kann man dem Menschen vieles, doch in der Regel obsiegen am Ende Neugier und der Drang, die Dinge zu vollbringen. Was jedoch möglich ist – und heute notwendiger denn je – ist ein kritisches Mitdenken. Eine wachsame Begleitung dieser Kräfte, die den Möglichkeitsraum nicht vorschnell auf eine Utopie oder Dystopie verkürzen will. Es geht um Gestaltung. Um die Kunst, Räume der Freiheit zu schaffen, ohne dabei der Illusion aufzusitzen, jede Innovation sei per se ein Fortschritt. Denn nicht jede Technik ist human. Nicht jede digitale Infrastruktur bewahrt Autonomie. Ganz im Gegenteil.

Ob der Aufbruch über das völlig unbekannte Meer mit einem wenig vertrauenswürdigen Gefährt unter sich oder die Entwicklung hochmoderner KI-Systeme – beides trägt in sich das Potenzial zur Fortentwicklung auf der einen und zur Bedrohung auf der anderen Seite. Das ist insofern von herausragender Bedeutung, als die beschriebene Dynamik der Welterschließung gegenwärtig nicht mehr nur vom einzelnen Menschen ausgeht, sondern von digitalen Räumen vorgegeben wird, die sich immer mehr seiner bemächtigen. Wir paddeln nicht mehr Tausende Kilometer über Wasser, sondern surfen grenzenlos durch digitale Netze. Die Welt ist nicht mehr da draußen, sie ist hier, in unserer Hosentasche. Jederzeit zugänglich, jederzeit aktualisiert. Das Smartphone ist zum neuen Fernrohr geworden, mit dem wir in andere Kontinente und in andere Leben blicken können.

Der Mensch wollte „mehr Welt" und bekam sie. Und doch wächst mit jeder neuen Zugriffsmöglichkeit auch ein merkwürdiges Paradox. Je mehr Welt wir verfügbar machen, desto weniger scheint sie uns – in einem tieferen Sinne – zu berühren. Denn Welt, die immer da ist, verliert an Zauber. Die ständige Verfügbarkeit erstickt das Staunen. Der Mensch, der immer mehr Welt in Reichweite bringen wollte, droht heute in ebendieser zu ertrinken.

Genau hier könnte die Chance für einen Wendepunkt liegen, in der Erkenntnis, dass Möglichkeit allein nicht genügt. Dass der Horizont nicht nur erweitert, sondern auch bewohnt werden will. Hartmut Rosa spricht in diesem Zusammenhang von Resonanz: einer Beziehung zur Welt, die nicht auf Verfügbarkeit, sondern auf Gegenseitigkeit basiert.[38] Weg vom „Ich will die Welt beherrschen", hin zum „Ich will ihr begegnen".

Diese noble Unruhe, die uns antrieb, ist kein Fehler, sie ist unser evolutionäres Kapital. Aber vielleicht braucht sie heute eine neue Richtung. Weg von der bloßen Erweiterung, hin zur Vertiefung. Statt noch ein Kontinent, noch ein Planet, noch ein Update, noch ein Ziel vielleicht ein Innehalten, ein Lauschen, ein wirklicher Kontakt. Ein solcher Wechsel, eine solche Neuausrichtung unserer Weltbeziehung, wird nicht leicht vonstattengehen. Denn bei aller Flexibilität, bei allem evolutionären Geschick, das der Homo sapiens zweifellos besitzt, sollten wir eines bedenken: Unsere heutige biologische Ausstattung ist vor allem ein Echo der Vergangenheit. Anpassung spiegelt vor allem die Herausforderungen vergangener Zeiten wider, nicht unbedingt jene der Gegenwart.[39]

Die genetischen, neurobiologischen und physiologischen Merkmale eines Organismus – also auch die des Menschen – sind nichts anderes als die sedimentierten Erfolgsgeschichten vergangener Generationen. Was heute in unseren Zellen eingeschrieben ist, war einst von Vorteil. Aber ob es heute noch passt, ist eine andere Frage. Unser Gehirn, dieses faszinierende Wunderwerk, ist vor allem für ein Leben in kleinen Jäger-und-Sammler-Gruppen programmiert worden, für das Überleben in unübersichtlichem Terrain, für soziale Interaktion im engen Kreis, für konkrete, handlungsbezogene Herausforderungen. Nicht für Betonwüsten, Großraumbüros, Aktienmärkte, Dopaminfluten mittels Social Media oder den täglichen Kampf gegen die Mailflut im Posteingang.

ALS UNSERE VORFAHREN vor etwa 50.000 Jahren begannen, Europa in größerem Stil zu besiedeln, trafen sie auf eisige Temperaturen, spärliche Vegetation und ungewohnte Lebensbedingungen. Die Kälte, die Dunkelheit, die neue Flora und Fauna, all das stellte eine existenzielle Herausforderung dar. Doch der Homo sapiens wusste sich zu helfen, unter anderem durch Kontakt mit dem Neandertaler. Die Wissenschaft spricht hier von introgressiver Hybridisierung, also dem genetischen Austausch durch Paarung zweier Arten. Was dabei „mitgenommen" wurde, war mehr als ein Kulturaustausch im klassischen Sinne, es war genetisches Überlebens-Know-how. Gene, die halfen, Nahrung besser zu verwerten, das Immunsystem robuster zu machen, das Überleben unter harschen Bedingungen zu sichern.[40] Noch heute finden sich Spuren dieser genetischen Vermächtnisse in unserem Erbgut. Etwa zwei Prozent unseres Genoms, in manchen Regionen gar drei und mehr Prozent, stammen vom Neandertaler.[41]

Doch – und hier beginnt die Ambivalenz – was damals hilfreich war, kann heute zum Risiko werden. Viele dieser ehemals adaptiven Gene stehen heute im Verdacht, an der Entstehung moderner Volkskrankheiten beteiligt zu sein: Adipositas, Depressionen, Allergien, Autoimmunerkrankungen wie Morbus Crohn oder Zöliakie.[42] Was einst half, Energie zu speichern und das Immunsystem scharf zu stellen, wird heute in einer Welt, in der Nahrung stets verfügbar und das Immunsystem unterfordert oder fehlgeleitet ist, zum Bumerang.

Anpassung ist – verstanden als eine zentrale Lektion der Evolutionsbiologie – immer ein Kompromiss. Es gibt kein „perfekt angepasst", es gibt nur „angepasst an einen bestimmten Kontext". Was gestern nützlich war, kann heute hinderlich sein. Und was heute hilfreich scheint, mag morgen problematisch werden. Unser Belohnungssystem beispielsweise ist evolutionär darauf ausgerichtet, uns für das Richtige zu belohnen: salzige, süße, fettreiche Nahrung? Bitte sofort zuschlagen. Man weiß ja nie, wann die nächste Mahlzeit kommt! Diese Strategie war einst überlebenswichtig. Heute bedeutet sie, dass die Familienpackung Schokolade keine zwei Folgen unserer Lieblingsserie überlebt.

Und Stress? Einst war er ein klares Signal: Lauf! Da kommt ein Löwe! Heute hingegen jagt uns kein Raubtier mehr, sondern der ständige innere Vergleich. Bin ich attraktiv genug? Erfolgreich genug? Gut genug? Der Löwe ist verschwunden, die Selbstzweifel bleiben. Ein stiller Dauerstress kann die Folge sein.

Ähnlich verhält es sich mit der Einsamkeit. Früher war sie gleichbedeutend mit Todesgefahr. Aus der Gruppe ausgestoßen zu werden bedeutete oft das Ende. Einsamkeit war ein körperliches Alarmsignal. Heute leben viele Menschen allein – scheinbar sicher, scheinbar versorgt, mit WLAN, Lieferdienst und Streaming. Doch das Gehirn meldet nach wie vor: Achtung! Du bist allein! Gefahr! Und tatsächlich gilt Einsamkeit inzwischen als ebenso gesundheitsschädlich wie Rauchen oder Übergewicht. Sie macht buchstäblich krank.

Mit anderen Worten: Unsere biologische Anpassung entspricht einer Welt, die sich grundlegend von unserem heutigen Alltag unterscheidet.[43] Unser biologisches System ist nicht dysfunktional. Es ist einfach überfordert von einer Lebenswirklichkeit, deren Takt schneller schlägt, als unsere genetischen und neuronalen Systeme mithalten können. Technik, Gesellschaft, Ökonomie: Sie alle schreiten in exponentiellem Tempo voran. Die Biologie dagegen wirkt auf einer anderen Zeitebene, langsamer, träger. In der Beschleunigung der Moderne hat sich der Mensch mehr und mehr von seinen natürlichen Rhythmen entkoppelt. Die elementaren Zyklen von Aktivität, Regeneration und Wachstum, die allen lebendigen Prozessen innewohnen, wurden überlagert von einem pausenlosen Da-Sein, Dabei-Sein und Verfügbar-Sein. Gehirn, Geist und Körper sind an das physiologisch vorgegebene Zeitgefüge gebunden. In dem Verlust dieser leiblich-rhythmischen Verankerung sieht der Psychiater und Philosoph Thomas Fuchs den Kern des modernen Krisenzustandes des Menschen.[44]

NATÜRLICH EXISTIEREN Möglichkeiten kurzfristiger Anpassung durch Lernen, durch kulturelle Prägung, durch Epigenetik. Aber die großen Stellschrauben, die tief verankerten Programme verändern sich nur langsam. Die Evolution ist eben kein visionärer Hellseher, sondern eher ein behäbiger Buchhalter. In der chronischen Übertaktung drohen Entkopplungsprozesse – vom eigenen Körper, von der leiblich gespürten Zeit, aber ebenso von der Mitwelt. Was als feine Unruhe im Innersten beginnt, tief verankert in neurobiologischen Aktivitätsmustern, wächst sich in der spätmodernen Welt zu einem treibenden Grundgefühl aus. Es ist diese innere Unrast, die Reizüberflutung, die Verdichtung von Zeit, die den Menschen vorwärtstreibt in eine Bewegung, die kaum mehr zum Innehalten fähig ist. So wächst inmitten von Beschleunigung, Entkopplung und Überforderung ein Weltbezug heran, der nicht mehr nur getrieben, sondern zunehmend feindlich aufgeladen ist. In dieser Konstellation, so beschreibt es Hartmut Rosa,[45] zeigt sich eine aggressive Weltbeziehung. Ein Wandel im Modus des In-der-Welt-Seins, der unser Verhältnis zu uns selbst, zum anderen und zur Welt insgesamt beeinflusst.

Wenn wir die Herausforderungen der Gegenwart meistern wollen, dann dürfen wir nicht auf evolutionäre Wunder hoffen. Schon gar nicht in einer Zeit, in der sich der technologische Fortschritt nahezu in Lichtgeschwindigkeit und im Geiste ungebremster Expansion vollzieht. Es gilt wachsam zu sein: Die Beschleunigung und an ihrer Spitze die Digitalisierung unserer Lebenswelt ist nicht nur Vision, sie ist auch Chip gewordene Goldgräbermentalität, getrieben von der Idee grenzenloser Weltverfügbarkeit und datenbasierter Steuerung und Kontrolle. Die Technologie selbst trägt dabei kein moralisches Etikett. Sie ist weder gut noch böse, sie ist weder Heilsbringer noch Dämon. Sie ist ein Verstärker. Sie potenziert das, was wir ihr anvertrauen, was wir in sie hineinlegen. Doch genau darin liegt die zentrale Frage: Was überantworten wir ihr?

Im Sinne der inneren Verfasstheit des durch Antrieb und Anpassung herausgebildeten Homo sapiens braucht es nicht noch mehr Geschwindigkeit, stattdessen mehr Bewusstheit. Denn statt uns – Stunden um Stunden klickend, scrollend, swipend – als digitale Proletarier unbezahlt in die lange Reihe von Datenspendern einzufügen, sollten wir beginnen, darüber nachzudenken, welche Art von Zukunft wir eigentlich mitgestalten möchten. Ansonsten überlassen wir uns einem entgrenzten, virtuellen Ökosystem algorithmisch geführter Aufmerksamkeit. Dabei liegt die Macht nicht allein in den Algorithmen, die uns tagtäglich abtasten, unsere Gewohnheiten kartografieren und unsere Entscheidungen subtil modulieren. Sie liegt im stillschweigenden Einverständnis, uns willig führen zu lassen.

IN DER WACHSENDEN Erschöpfung einer permanent sich beschleunigenden Welt regt sich jedoch etwas: ein leiser Widerstand, ein tiefes Bedürfnis nach Rückbindung an Körper, an naturgegebene Rhythmen, an Beziehung. Denn es geht auch anders. Durch viele kleine, bewusste Entscheidungen. Entscheidungen, die sich dem äußeren Zwang, dem Zeitdruck, dem unmittelbaren Reiz, dem nächsten Dopaminkick entziehen und stattdessen den Blick weiten. Durch unsere Bereitschaft zur Reflexion und Verlangsamung, zur Rückbindung an die Leiblichkeit und zugleich an erdende kulturelle Werte, zur freien und selbstbestimmten Gestaltung nicht zuletzt auch unserer digitalen Umwelt.

Wenngleich unser Spieltrieb und unsere Neugier uns verführbar machen, besitzen wir doch auch ein Vermögen, uns im Hinblick auf unseren Lebensstil, unsere sozialen Strukturen und unsere Medienpraxis zu kalibrieren. Und dies in Würdigung dessen, was wir sind: geistige und biologisch-leibliche Wesen, eingelassen in ein komplexes, soziales Gewebe.

Der Homo sapiens war lange Zeit ein Getriebener. Immer unterwegs zum nächsten Ziel, zur nächsten Entdeckung. Heute aber wäre es eine neue Kunst, das Ankommen zu lernen. Das Bleiben. Nicht als Stillstand, sondern als bewusste Form der Gegenwärtigkeit, ohne dabei die Sehnsucht zu verraten. Am Ende geht es nicht darum, alles in Reichweite zu bringen. Es geht darum, dem, was bereits da ist, wirklich zu begegnen. Vielleicht entsteht genau daraus eine neue Form von Weltverfügbarkeit. Nicht als Besitz, sondern als Beziehung. Nicht als Gier, sondern als Resonanz.[46]

Das Gehirn. Ein zweites Universum entsteht

Aus Nervenzellen formt sich ein Kosmos – nicht aus Sternen, sondern aus Bedeutung.

DAS MENSCHLICHE GEHIRN ist ein Meisterwerk der Evolution, eine weitverzweigte Landschaft aus Milliarden von Nervenzellen, deren Verknüpfungen ein Geflecht bilden, das unsere Gedanken, Emotionen und unser Bewusstsein trägt. Seine Komplexität übersteigt bei Weitem unser intuitives Verständnis. Doch genau hier setzt unsere Reise an, mit dem Versuch, eine erste Karte dieser faszinierenden Welt zu zeichnen.

Bevor wir uns in die Tiefen seiner Strukturen und Funktionen begeben, werfen wir einen Blick auf den allgemeinen Aufbau des Gehirns. Diese ersten Seiten dienen als Orientierung, als didaktischer Kompass, der uns hilft, die großen Zusammenhänge zu erfassen. Hierbei richten wir unsere Aufmerksamkeit zunächst auf das vorläufige Endergebnis der Evolution, nicht aus chronologischer Willkür, sondern aus methodischer Notwendigkeit. Ein inneres Bild des Zielzustandes wird uns dabei helfen, die folgenden Kapitel einzuordnen und den Weg der Entstehung dieses Organs besser zu verstehen.

Es geht also darum, sich mit den Hauptstrukturen des Gehirns und ihren Funktionen vertraut zu machen, ihre gegenseitigen Beziehungen zu erahnen, ihre Einordnung in das große Ganze des menschlichen Denkens und Fühlens nachzuzeichnen und ein Gefühl für die Gesamtarchitektur zu entwickeln. Wie ein Reisender, der sich zunächst aus der Vogelperspektive orientiert, bevor er die Straßen einer unbekannten Stadt betritt, wollen wir uns zuerst einen Überblick verschaffen, wissend, dass wir an die besonders interessanten Orte zurückkehren können, um sie noch genauer zu erkunden.

Orientieren wollen wir uns auf dieser Reise an dem Vier-Ebenen-Modell der Persönlichkeit, das unter der Federführung des großen Hirnforschers Gerhard Roth formuliert wurde.[47] Es ist Teil einer Konzeption, die die neurobiologischen Grundlagen der menschlichen Persönlichkeit zu beschreiben sucht. Das Autorenteam beruft sich auf eine große Zahl neurowissenschaftlicher Untersuchungen. Diese erlauben es, vier anatomisch-funktionale Gehirnebenen zu postulieren, die sich jeweils in unterschiedlichen Entwicklungsphasen des Gehirns ausformen und unterschiedliche Anteile des menschlichen Erlebens und Handelns hervorbringen.

Nach diesem Konzept wird das Gehirn in drei limbische und eine kognitiv-sprachliche Ebene unterteilt. Erstgenannte werden weiter als untere, mittlere und obere limbische Ebene beschrieben. Diese Unterteilung verfolgt das Ziel, Grundbestandteile der Persönlichkeit des Menschen diesen Ebenen zuzuordnen. Mit anderen Worten: Eine jede der vier neurobiologischen Ebenen repräsentiert bzw. beherbergt die neurobiologischen Korrelate ganz bestimmter Funktionssysteme und somit ganz bestimmter Grundbestandteile der menschlichen Persönlichkeit. Wissend, dass kein Modell jemals die gesamte Wirklichkeit abbildet, darf auch dieses Modell nicht absolut gedacht werden. Natürlich ist eine bestimmte Persönlichkeitseigenschaft nicht exakt an einem Ort oder dezidiert nur auf einer Ebene beheimatet. Natürlich sind die Grenzziehungen dieser Ebenen auch ein Stück willkürlich und nicht zuletzt auch didaktischer Natur, schließlich sind alle Ebenen aufs Engste miteinander verwoben und die Grenzen stellen sich absolut fließend dar. Doch es geht um den Versuch, neurobiologisch gut begründete Zuordnungen treffen zu können. Zuordnungen, die das Erleben und Handeln eines Menschen mit neurobiologischen Funktionseinheiten zu verknüpfen suchen.

Entsprechend verweisen viele Untersuchungen darauf, dass bestimmte anatomische und funktionale Gehirn-Ebenen sich als Korrelate bestimmter psychologischer und Verhaltensdimensionen identifizieren lassen. Niemals das psychologische Moment oder das Verhalten in Gänze abbildend, können einzelne Ebenen jedoch als Kernbestandteil eines bestimmten Erlebnis-, Empfindungs-, eines Regulations- oder Verhaltensaktes identifiziert werden. Die dezidierte Vereinfachung in Kauf zu nehmen, kann sehr hilfreich sein, um zu verstehen, was sich wann und wo ausformt, welche Eigenschaften und Fähigkeiten sich wann und wie verankert finden, was welchen Beitrag zum psychischen Erleben und zur Persönlichkeitsausgestaltung leistet, was unter der Bewusstseinsschwelle agiert und was sich der bewussten Erlebnissphäre mitteilen kann.

Das Vier-Ebenen-Model des Gehirns. Eine Überblicksdarstellung des Modells finden Sie ganz hinten im Buch.

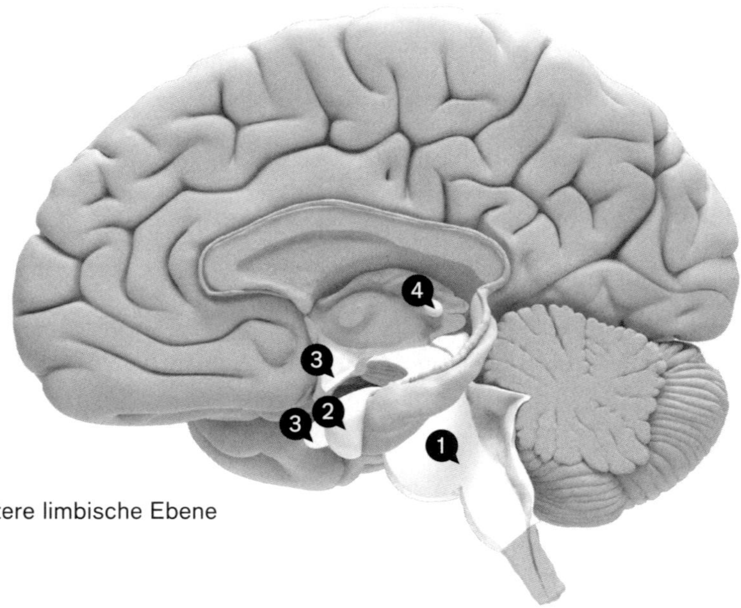

Untere limbische Ebene

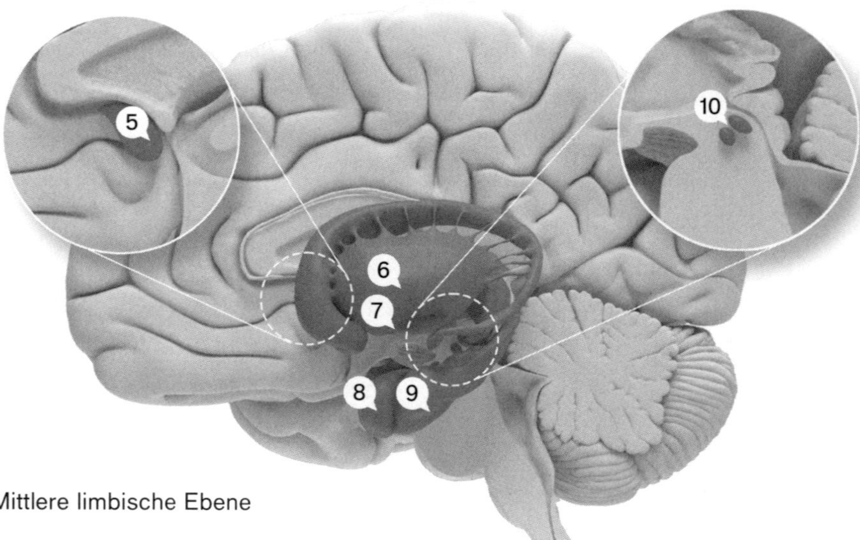

Mittlere limbische Ebene

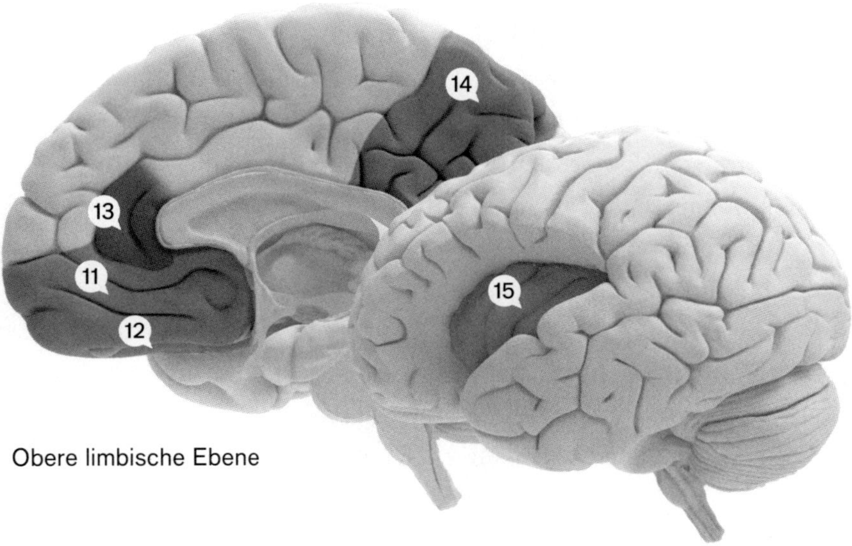

Obere limbische Ebene

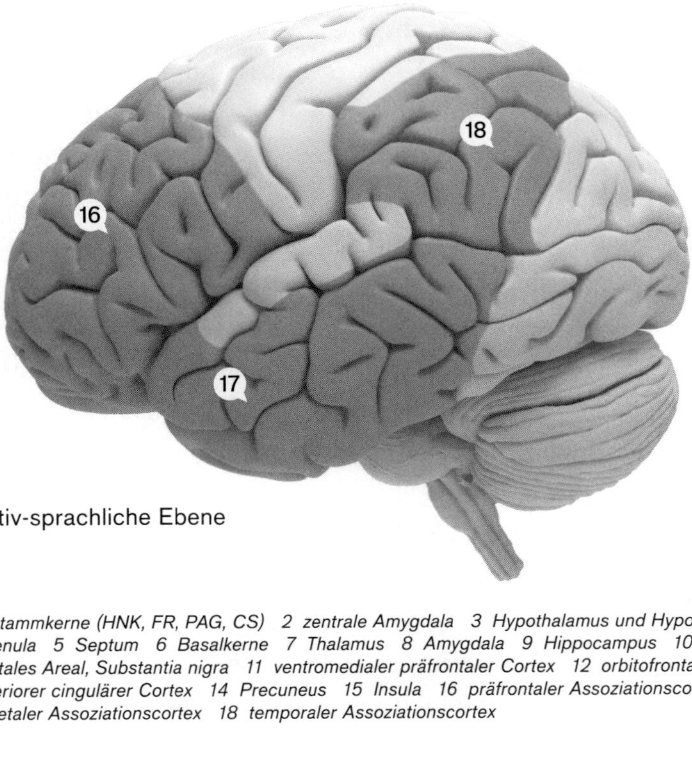

Kognitiv-sprachliche Ebene

1 Hirnstammkerne (HNK, FR, PAG, CS) 2 zentrale Amygdala 3 Hypothalamus und Hypophyse 4 Habenula 5 Septum 6 Basalkerne 7 Thalamus 8 Amygdala 9 Hippocampus 10 ventrales tegmentales Areal, Substantia nigra 11 ventromedialer präfrontaler Cortex 12 orbitofrontaler Cortex 13 anteriorer cingulärer Cortex 14 Precuneus 15 Insula 16 präfrontaler Assoziationscortex 17 parietaler Assoziationscortex 18 temporaler Assoziationscortex

DIE KOMPLEXITÄT psychischen Erlebens und Verhaltens ist zu würdigen, es geht jedoch darum, sie neurobiologisch zu unterfüttern. Die Reise beginnt tief unten – dort, wo das Gehirn noch nicht denkt, nicht reflektiert, nicht spricht, stattdessen konsequent organisiert, schützt und reguliert. Die *untere limbische Ebene* umfasst jene evolutionär ältesten Strukturen, deren oberstes Ziel das Überleben ist. Nicht symbolisch, sondern ganz konkret: Atmung, Herzfrequenz, Schlaf, Hunger, Sexualtrieb, Thermoregulation, Schmerzverarbeitung, Flucht, Angriff, Erstarrung. Diese Ebene stellt das vegetativ-affektive Fundament unseres Daseins dar. Ohne die Möglichkeit zu denken, entscheidet sie in Millisekunden. Ihre Prozesse laufen vollständig unterhalb der Bewusstseinsschwelle ab, entziehen sich willentlicher Kontrolle und sind doch machtvolle Steuerungsinstanzen unseres Verhaltens.

Schon früh, sehr früh – vorgeburtlich und in den ersten Lebensmonaten – vollzieht sich ihre Ausformung. Sie ist stark genetisch geprägt, aber epigenetisch formbar: durch erste Erfahrungen, durch Umweltmilieu. Was sich hier stabilisiert, ist das, was wir als Temperament bezeichnen. Also jene Energetisierung und Reagibilität, mit der ein Mensch der Welt begegnet. Ist da ein Mensch, der neugierig, offen und wach in die Welt strebt, oder einer, der vorsichtig, zurückhaltend, vielleicht ängstlich agiert? Spätere Erfahrungen können diese Unterschiede überformen, aber nicht radikal umformen.

Anatomisch umfasst die untere limbische Ebene zentrale Areale des Hirnstamms mit vielen vegetativen Kernen (1), den Hypothalamus mit der Hypophyse (3) und Teile der Amygdala (2), die jeweils den Hirnstamm befehligen. Von hier aus wirken Neuromodulatoren – allen voran Noradrenalin,

Dopamin, Acetylcholin und Serotonin – wie Boten schnellen Feuers: Sie verteilen sich explosionsartig im Gehirn und rufen zu konzertierten Aktionen auf. Die Stressreaktion, die vegetative Mobilmachung, das instinktive Schutzverhalten, sie alle haben hier ihre Quelle. Diese Prozesse sind evolutionär tief verankert. Was hier wirkt, sind Programme Tausender vorheriger Generationen, die uns letztlich hervorgebracht haben. Wenn der Körper durch Schmerzen, durch vegetative Entgleisungen Alarm schlägt, ist es diese Ebene, die das Signal gibt: „Gefahr, handle jetzt!"

Kommt es hier zu Fehlfunktionen, können sich Störungen des vegetativen Gleichgewichts, Angstzustände, Panikreaktionen oder psychosomatische Beschwerden manifestieren. Sie beeinflussen unser Erleben, ohne dass wir davon wüssten. Doch wir können sie spüren – in einem beschleunigten Herzschlag, in kaltem Schweiß, in flacher Atmung, in der Spannung der Muskulatur. Damit zeigt sich ein besonders faszinierender Aspekt dieser Ebene – die Möglichkeit, dass ihre Aktivitäten über den Körper den Weg ins Bewusstsein finden. Die vegetativen Veränderungen – gesteuert etwa über den Hypothalamus – strahlen in die Körperlichkeit aus (z. B. über Veränderungen in Atmung und Herzrhythmus). Dort werden sie registriert und können über sensible Bahnen zurück ans Gehirn gemeldet werden. Erst dann entsteht ein Gefühl. Anders ausgedrückt: Gefühle sind Körperzustände mit Bedeutung. Der Schreck, der den Atem stocken lässt. Die Angst, die den Magen zusammenzieht. Die Freude, die den Brustkorb weitet.

Unsere untere limbische Ebene meldet sich also doppelt. Einerseits direkt als Erregungswelle ans Großhirn – etwa als Motivationsimpuls, als Trieb, als Affekt. Andererseits indirekt, über den Umweg des Körpers, der wiederum Signale zurück an die Rinde sendet, wo sie zu Gefühlen ausgeformt werden. Was auf dieser Ebene passiert, ist schnell, automatisch, archaisch, aber keineswegs dumm. Es ist klug in seiner Unmittelbarkeit, brillant in seiner Effizienz. Und es ist, auch wenn das paradox klingt, zutiefst individuell. Denn wie diese Ebene reagiert, hängt davon ab, wie sie geprägt wurde – durch Gene, durch Schwangerschaft, Geburt, frühe Beziehungserfahrungen, Trauma oder Geborgenheit.

Was bleibt?

Die untere limbische Ebene ist das vegetativ-affektive Fundament unserer Persönlichkeit. Hier pulsiert das Leben selbst. Hier wird überlebt, nicht gedacht. Hier wird aktiviert, nicht bewusst gewertet. Atmung, Hunger, Schlaf, Sexualtrieb, Schmerz, Stress: Sie alle haben hier ihr neuronales Zuhause. Das Temperament, die Energetisierung, die Reagibilität des Menschen wurzeln tief in dieser Struktur, unbewusst, aber wirkmächtig. Ihre Prägung beginnt vor der Geburt, ihre Veränderbarkeit bleibt begrenzt. Sie meldet sich direkt oder über den Körper. Immer unmissverständlich. Immer echt.

WENN DIE UNTERE limbische Ebene die vegetativ-affektive Basis des Überlebens bereitstellt, dann formt die *mittlere limbische Ebene* jene Instanz, die Erlebnisse emotional bewertet, sie assoziativ verknüpft und damit zur inneren Landkarte des Erlebens macht. Was hier entsteht, ist neben dem Gefühl auch Erinnerung. Neben dem Reiz auch Bedeutung. Neben dem Leben auch gelebte Geschichte.

Anatomisch ist diese Ebene breiter angelegt als die vorherige. Sie umfasst das Belohnungssystem mit seinen dopa-

Gefühle sind Körperzustände mit Bedeutung. Der Schreck, der den Atem stocken lässt. Die Angst, die den Magen zusammenzieht. Die Freude, die den Brustkorb weitet.

minergen Zentren im Hirnstamm, den Thalamus (7), die Basalkerne (6), den Hippocampus (9) und wesentliche Teile der Amygdala (8), vor allem deren Komplex, der für die emotionale Bewertung von Umweltreizen zuständig ist. Entwicklungsbiologisch reift die Basis dieser Ebene in den ersten drei bis vier Lebensjahren heran, einer Zeit, in der das Kind erst langsam zur Sprache gelangt, aber bereits intensiv spürt. Erst langsam zu erinnern beginnt, aber bereits geprägt wird. Emotionale Konditionierungen, Bindungserfahrungen, erste Verknüpfungen von Reiz und Resonanz werden hier eingeschrieben – tief, unbewusst, aber wirksam.

Ein klassisches Beispiel: Ein Kind muss trotz inneren Widerwillens Spinat essen. Der Geschmack, der Geruch, das „Nein" des Körpers, sie werden auf dieser Ebene mit dem Gefühl von Ekel verknüpft. Weder symbolisch noch bewusst, aber leibhaftig. So entsteht ein Netzwerk und bleibt bestehen, auch wenn das autobiografische Gedächtnis noch keine dauerhafte Spur gelegt hat. Denn in dieser Lebensphase ist der Hippocampus-Neocortex-Verbund, der für das sprachlich formulierbare und bewusst aufrufbare Gedächtnis notwendig ist, noch nicht ausgereift. Die Amygdala hingegen funktioniert bereits effizient und präzise. Das Ergebnis ist ein Erinnern ohne Erinnerung. Eine Angst ohne Adresse. Eine Aversion ohne Worte.

Und genau hier liegt auch das neurobiologische Fundament für viele später scheinbar „irrationalen" Ängste: Flugangst, Hundeangst, Angst vor Enge, vor Weite, vor Menschen. Sie alle können Ausdruck frühkindlich konditionierter, aber unbewusst bleibender Netzwerke sein, die ihre Wurzeln in dieser mittleren limbischen Ebene haben. Doch zum Glück geht es nicht nur um Angst, Schmerz oder Ablehnung. Auch positive emotionale Erfahrungen werden hier kodiert. Das Gehaltensein, das Berührtwerden, der warme Blick der Mutter, die ruhige Stimme des Vaters. All das wird mit Wohlgefühl verknüpft, mit Sicherheit, mit Vertrauen. Ob ein Mensch später mit offenen Armen auf andere zugeht oder sich misstrauisch zurückzieht, ob er Nähe sucht oder vermeidet, ob er Vertrauen schenken kann oder ständig auf Rückzug programmiert ist: Hier in der mittleren limbischen Ebene hat es sein erstes Gedächtnis.

Die Bindungserfahrungen der frühen Kindheit – ob sicher oder unsicher, verlässlich oder ambivalent – prägen individuelle Bindungsmuster, die verinnerlicht und später unbewusst wiederholt werden. Sie beeinflussen, wie Menschen lieben, wie sie streiten, wie sie Nähe gestalten und Distanz regulieren. Man könnte sagen: Diese Ebene ist der emotionale Resonanzraum, in dem wir lernen, was sich gut anfühlt und was nicht. Was uns motiviert und was lähmt. Was wir begehren und was wir vermeiden. Daher ist sie auch von herausragender Bedeutung, wenn Veränderungsprozesse angestrebt werden, sei es in der Selbsterkundung oder in der Psychotherapie. Denn Veränderung braucht mehr als Einsicht. Sie braucht emotionale Bedeutsamkeit.

Nur was emotional berührt, kann emotional umlernen. Die Aktivierung dieser Ebene – etwa durch neue Beziehungserfahrungen oder korrigierende emotionale Erlebnisse – ist der Schlüssel zur Transformation alter Muster.

Veränderung auf dieser Ebene ist möglich, wenngleich sie sich einer kognitiven Steuerung entzieht. Sie braucht Beziehung, Wiederholung, Bedeutsamkeit. Eine emotional sichere therapeutische Beziehung kann helfen, neue Netzwerke zu etablieren, alte zu entkoppeln, Bindungsmuster zu flexibilisieren. Hier zeigt sich die immense Bedeutung der mittleren limbischen Ebene für Beziehungsfähigkeit, emotionale Intelligenz und Motivation: Sie ist der Boden, auf dem unser emotionales Gedächtnis wächst. Mit all seinen Licht- und Schattenseiten.

Was bleibt?

Die mittlere limbische Ebene formt die implizite emotionale Biografie eines Menschen, jenen unterbewussten Grundton, der mitschwingt, wenn wir fühlen, handeln, urteilen. Ihre Netzwerke entstehen ohne Sprache und oft ohne explizite Erinnerung. Aber sie lassen sich neu modulieren, wenn man sie mit neuen Emotionen in Berührung bringt. Und genau darin liegt ihre therapeutische Bedeutung. Sie ist nicht das, was wir über uns sagen. Sondern das, was uns emotional durchdringt, bevor wir überhaupt zu sprechen beginnen.

WENN WIR die mittlere limbische Ebene als das emotionale Gedächtnis des Selbst verstanden haben, dann betreten wir mit der *oberen limbischen Ebene* nun eine Sphäre, in der sich affektive Regungen mit kognitiven Prozessen verflechten. Wo aus Erregung Bewusstheit wird, aus Körpersignalen

Gefühle geformt werden, aus Bedürfnis Orientierung entsteht. Hier sind wir nicht mehr im Hirnstamm, nicht mehr im evolutionären Urgestein, tatsächlich befinden wir uns bereits in der Großhirnrinde selbst. Dennoch, und das überrascht, ist auch dieser Bereich tief emotional, ja sogar sozialemotional geprägt.

Anatomisch umfasst die obere limbische Ebene zentrale Strukturen der medialen Großhirnrinde. Diese wird sichtbar, wenn eine Hemisphäre entfernt wird und wir die der Mitte zugewandte innere Seite der anderen Großhirnhälfte betrachten. Hier treffen wir auf den vorderen cingulären Cortex (ACC; 13), den ventromedialen präfrontalen Cortex (vmPFC; 11), den orbitofrontalen Cortex (OFC; 12), den Precuneus (14) mit dem hinteren cingulären Cortex (PCC) und über ihnen thronend die Insula (15). Fast alle diese Areale liegen entlang der inneren Mittellinie des Gehirns, daher der Begriff: „Midline Structures". Georg Northoff, einer der führenden Neurowissenschaftler auf diesem Gebiet, beschreibt sie als jene Regionen, in denen sich das Gehirn selbst referenziert, den inneren Zustand registriert und in Beziehung zur Welt setzt.[48]

Besonders die Insula gilt als corticales Zentrum der Interozeption – also der Fähigkeit, den eigenen Körper von innen her wahrzunehmen: Herzschlag, Atem, Spannung, Schmerz, Erregung. Hier wird registriert, wie es mir gerade geht, wo im Körper sich ein bestimmtes Gefühl niederschlägt. In der Insula entsteht etwas, das der Neurowissenschaftler Antonio Damasio als „somatische Marker" bezeichnet. Körperempfindungen, die – mit emotionalen Bedeutungen verknüpft – eine Art inneres Navigationssystem bilden.[49] Sie sagen uns, was wichtig ist, was uns betrifft, was gewollt oder vermieden werden soll. Sie sind das leibliche Fundament von Entscheidung und Handlungsimpuls.

Ein in dieser Region aufkeimender Schmerz kann ebenso physischer wie auch psychischer Herkunft sein. Das bedeutet: Auch sozialer Schmerz – Ausgrenzung, Ablehnung, Einsamkeit – aktiviert diese Areale. Die Insula kennt also keinen Unterschied zwischen seelischem und körperlichem Leid. Beides ist real. Beides ist fühlbar. Beides hinterlässt Spuren. Hier ereignet sich ein kleines Wunder, denn da, wo ich mich selbst spüre, da spüre ich auch den anderen. Dieselben Hirnareale, die für das eigene emotionale Erleben verantwortlich sind, werden aktiv, wenn ich das Leiden oder die Freude eines anderen miterlebe. Die obere limbische Ebene ist damit auch das Zentrum der Empathie.[50] Sie ist die neuronale Basis unseres sozialen Mitgefühls. Nicht der moralische Appell macht uns menschlich, sondern die Fähigkeit, im eigenen Inneren das Echo eines anderen zu vernehmen. Wir bewegen uns hier in einem Übergangsfeld zwischen Impuls und Reflexion, zwischen Affekt und Begriff, zwischen Körper und Bedeutung.

VIELES BLEIBT auch hier unbewusst, besonders im orbitofrontalen Cortex, einem Areal, das blitzschnell emotionale Bewertungen vornimmt und Handlungsimpulse generiert. Manche Autoren bezeichnen ihn als das „Unterbewusste" des Gehirns – eine Art inneres Steuerungszentrum, das auf Basis vergangener Erfahrungen ohne Zeitverlust entscheidet. Gefahr oder Sicherheit? Belohnung oder Verlust? Die Handlungsimpulse, die hier entstehen, werden oft erst nachträglich rationalisiert. Wir glauben, uns entschieden zu haben, dabei war die Entscheidung schon gefallen. Die

Das Arbeitsgedächtnis ist unser „Kurzzeitspeicher“ und zugleich ein Drehkreuz zwischen Vergangenheit, Gegenwart und Zukunft.

Großhirnrinde holt nur nach, was das limbische System längst angestoßen hat.[51]

Ein besonderer Fokus der oberen limbischen Ebene liegt auf der Bewertung des eigenen Verhaltens in sozialen Kontexten. Was wird akzeptiert? Was wird zurückgewiesen? Was ist erlaubt? Was ist tabu? Auch dabei spielt der orbitofrontale Cortex eine zentrale Rolle. In ihm werden soziale Normen integriert, Konsequenzen von Verhalten antizipiert, Empathie, Schuld, Scham und Stolz entstehen. Gerhard Roth nennt diese Struktur das „soziale Ich“. Die Instanz, die nicht nur weiß, was ich fühle, sondern auch, was es für die anderen bedeutet, wie ich mich verhalte.[52] Diese Ebene bewertet und sie reguliert. Sie kann Impulse der unteren Ebenen zähmen oder verstärken, kann die Amygdala dämpfen oder befeuern, kann zur Selbstkontrolle befähigen oder zum emotionalen Kontrollverlust führen, je nachdem, wie sie verschaltet, geprägt und integriert ist.

Was bleibt?

Die obere limbische Ebene ist das emotionale Spiegelkabinett des Selbst. Hier entstehen bewusste Gefühle, soziale Bewertungen, Selbstwahrnehmung, Empathie, Rücksicht, Schuld, Moral, aber auch Neid, Scham und Eifersucht. Sie ist das Areal, in dem wir fühlen und zugleich wissen, dass wir fühlen. Sie erzeugt das subtile, schwer fassbare, aber zutiefst menschliche „Sich-leiblich-seiner-bewusst-Sein". Und wenn Sie die Augen schließen, an Ihren ersten Kuss denken, und Ihr Herz ein wenig schneller schlägt, dann ist es diese Ebene, die sich erinnert: Das war ich. Und es war schön.

MIT DEM BETRETEN der vierten sprachlich-kognitiven Ebene endet unsere Reise durch die limbischen Regionen. Wir sind endgültig im Neocortex angekommen, und es beginnt der Aufstieg in jene Hirnbereiche, die wir klassischerweise mit Bewusstsein, Vernunft, Sprache und Denken verbinden. Es ist die Domäne des Frontal-, Temporal- und Parietalcortex, insbesondere jener Areale, die als assoziativer Cortex bezeichnet werden. Jene Orte also, an denen Informationen verarbeitet, verknüpft, interpretiert und kommuniziert werden. Hier lebt die Sprache und mit ihr das bewusste Ich. Hier entstehen Weltmodelle, Selbstmodelle, Zukunftsprojektionen. Hier wird geplant, was zu tun ist, und entschieden, was richtig oder zumindest vertretbar erscheint. Und nicht zuletzt: Hier wird begründet, erklärt, gerechtfertigt, was aus tieferliegenden Ebenen bereits längst angestoßen wurde. Es ist das Reich des inneren Erzählers, aber nicht immer der Ort der Wahrheit.

Im Zentrum dieser Ebene steht das Arbeitsgedächtnis, maßgeblich lokalisiert im dorsolateralen präfrontalen Cortex (dlPFC; 16) sowie im parietalen (17) und temporalen (18) Cortex. Es ist zuständig für das aktuelle Bewusstsein, für das Halten und Bearbeiten von Informationen, für das Verknüpfen von Gegenwärtigem mit Vergangenem und damit für Planung, Entscheidung, Handlungssteuerung und Aufmerksamkeit.

Das Arbeitsgedächtnis ist unser „Kurzzeitspeicher“ und zugleich ein Drehkreuz zwischen Vergangenheit, Gegenwart und Zukunft. Es aktiviert Inhalte des Langzeitgedächtnisses, hebt sie über die Bewusstseinsschwelle und stellt sie „online“ bereit – als Gedanken, als Überzeugung, als Ziel. Auf dieser neokortikalen Ebene entstehen auch die inneren Dialoge. Das Mit-sich-selbst-Sprechen, das Sich-selbst-Überzeugen, das Sich-Erklären, warum etwas so und nicht anders ist. Es entstehen Ziele, und Werte werden formuliert. Kurz: Hier artikuliert sich das, was ein Mensch über sich selbst zu wissen glaubt.

Doch so souverän und mächtig diese Ebene auch erscheinen mag, sie ist nicht autonom. Sie ist eingebettet in ein neuronales System, das von den tieferliegenden, emotional getönten Ebenen ständig beeinflusst, informiert und durchdrungen wird. Man kann es kaum genug betonen: Die kognitive Ebene entscheidet nicht allein. Sie argumentiert, was aus der Tiefe längst gewollt wurde. Denn jede bewusste Entscheidung, jede Handlung, jeder Gedanke, jede Überzeugung ist emotional eingebettet und erhält ihre Relevanz erst durch die Selbstbezüglichkeit, die von den limbischen Ebenen aufsteigt. Ohne emotionale Bedeutung bleiben Entscheidungen leer. Ohne motivationale Ladung bleibt das Ziel kraftlos.

Die kognitiv-sprachliche Ebene produziert Selbsterzählungen: Wer bin ich? Was will ich? Warum handle ich so? Es sind diese Erzählungen, die Identität formen. Doch sie sind nicht immer deckungsgleich mit dem, was tiefer im System wirkt. Ein Mensch kann sagen: „Ich habe keine Angst“, und dabei tief innerlich von Unsicherheit geprägt sein. Ein anderer behauptet: „Ich will nur helfen“, und folgt in Wahrheit seinem Bedürfnis nach Anerkennung.

Die Sprache kann aufklären, beschönigen, verschleiern, rechtfertigen – alles innerhalb derselben neuronalen Ebene. Und sie ist formbar. Neue Informationen, neue Narrative, neue Zuschreibungen können rasch Veränderungen erzeugen. Doch oft bleiben diese Änderungen oberflächlich, fragil, nicht nachhaltig, solange sie nicht durch emotionale Aktivierung und Beziehungserfahrung tiefer verankert werden.

Die neokortikale Ebene ist weniger der Kapitän als vielmehr der Navigator. Sie ordnet, plant, denkt voraus. Der Ursprung des Antriebs hingegen stammt aus der Tiefe. Und so unterscheidet sich der verstandesmäßige Wille – jener Wille, der aus rationaler Abwägung entsteht und der durch eine fokussierte Aufmerksamkeit durch das Arbeitsgedächtnis vermittelt wird, vom emotional-motivationalen Wollen, das aus dem orbitofrontalen Cortex, der Amygdala, dem Belohnungssystem oder dem affektiven Erregungszustand aufsteigt. Was wir „vernünftig" finden, muss noch lange nicht das sein, was wir wirklich wollen. Und was wir wollen, muss noch lange nicht das sein, was wir tun.

Was bleibt?

Die kognitiv-sprachliche Ebene ist die Reflexionsinstanz des Selbst. Sie ist der Ort des bewussten Denkens, des inneren Dialogs, der rationalen Planung. Hier liegt unsere Fähigkeit zur Sprache, zur Argumentation, zur Welt- und Selbstdeutung. Doch sie ist – wie alle anderen Ebenen – kein Solist, sondern Teil einer vielstimmigen Symphonie. Und oft ist sie die letzte, die einsetzt. Nicht der Taktgeber, sondern der Kommentator. Nicht der Entdecker, sondern der Erzähler. Was in den unteren Ebenen bereits gewollt, gespürt, erlebt wurde, bekommt hier seine sprachliche

Gestalt. Und manchmal braucht es genau diese Sprache, um zu erkennen, dass das, was wir denken, nicht das ist, was wir fühlen. Und dass unser Handeln nur dann stimmig wird, wenn sich Kognition und Emotion, Sprache und Körper, Bewusstes und Unbewusstes in Resonanz begegnen.

WELCH PRACHT wir doch unter unserer Schädeldecke beherbergen! Welch Wunder trägt unser leibliches Empfinden, unser geistiges Sein, unser Verhalten. Wir nutzen es jeden Tag, dieses Wunder, wenn wir denken, fühlen, träumen oder Entscheidungen treffen. Aber wie gut kennen wir die Mechanismen dieses Organs, das all diese Wunder vollbringt, in seiner funktionellen Tiefe? Unsere Vorstellung davon, was das Gehirn ist und wie es funktioniert, hat sich im Laufe der Zeit dramatisch verändert und erweitert. Und trotz aller Fortschritte bleiben viele offene Fragen. Wie erwachsen aus dem Wechselspiel komplexer neuronaler Netzwerke nicht-materielle Gedanken? Wie können diese immateriellen Gedanken Einfluss nehmen auf die Materie des Körpers? Und lassen sich einmal erworbene Denk- und Handlungsmuster willentlich beeinflussen? Können wir uns ändern? Können wir auch ganz anders sein?

Ich persönlich glaube, dass es uns nicht möglich ist, grundsätzlich etwas ganz anderes zu sein. Zugleich bin ich davon überzeugt, dass wir an vielen kleinen Stellschrauben drehen können, um unser Denken, Fühlen und Handeln in eine dem Leben möglichst zuträgliche Bahn zu lenken. Doch ist es ein wahrlich anspruchsvolles Unterfangen und gelingen kann es nur, wenn wir uns als beherzt genug erweisen, die menschliche und mithin unsere eigene Tiefenstruktur wirklich ergründen zu wollen. Nur wenn wir ehrlich und mutig zu verstehen versuchen, was wir sind, können wir erstrebenswerte Veränderungen initiieren.

Einfach ist es nicht, denn unser Gehirn gleicht einem Labyrinth. 86 Milliarden Nervenzellen finden sich wie kleine Knotenpunkte verwoben in einem riesigen Netz. Dieses Netz weist 1000 Billionen Kontaktstellen auf, sogenannte Synapsen.[53] Unvorstellbare Zahlen, die uns auch beim genauen Blick auf den Aufbau dieser Strukturen staunen lassen. So residieren in einem einzigen Kubikmillimeter Großhirnrinde, was in etwa einer Bleistiftspitze entspricht, kaum vorstellbare 30.000 Nervenzellen, umgeben von mehreren Kilometern Nervenleitung.[54] Der Grandseigneur der deutschen Hirnforschung Wolf Singer geht gar von 60.000 Neuronen aus.[55] Wohlgemerkt, in einer Bleistiftspitze! Und wenn nun diese Nervenzellen feuern, dann entstehen sich hundert- und tausendfach überlagernde Aktivierungswolken mit unvorstellbarer Dynamik und Komplexität. Ein wahres Wunderwerk der Natur. Und dieses riesige Netzwerk besitzt die Fähigkeit, das gelebte Leben in sich aufzunehmen. Das macht es, indem es bedeutsame Erfahrungen in eine je individuelle Verknüpfungsarchitektur verwandelt. Freudvolle wie auch schmerzhafte Erfahrungen werden in die Gehirnstruktur eingeschrieben. Sie werden dort – einmal zur Struktur geworden – vielfach ein Leben lang abgebildet bzw. repräsentiert.

Der erste Kuss etwa. Nicht nur die Berührung zweier Lippen, sondern ein sensorisches Feuerwerk – der Duft des Anderen, das Kribbeln auf der Haut, das rasende Herz und die Musik, die uns über uns hinaus erhebt. All das wird wie mit unsichtbarer Tinte in unsere neuronalen Netzwerke eingeschrieben. Das Gehirn malt Bilder aus Synapsen, schafft neuronale Gemälde. Die neuronalen Erregungsmuster, die den besonderen Augenblick auf der inneren Leinwand „abspielen“ können, vermögen dies auch Jahrzehnte später zu tun. Sie können wieder aktiviert werden, etwa durch einen bestimmten Duft oder durch einige Takte des einen, besonderen Liedes.

SO WIRD DAS GEHIRN zum inneren Archiv eines gelebten Lebens. Fernab davon, ein nüchternes rigides Speichermedium zu sein, stellt das Gedächtnis eine je einmalige Synapsenlandschaft dar. Es ist ein dynamisches Gewebe aus neuronalen Kontakten, das fortwährend Bedeutungen kreiert. Aus erlebten Augenblicken wird Geschichte, aus lebendigen Erfahrungen wird Identität. Die Genetik baut hierbei lediglich das Fundament auf, das gelebte Leben aber besorgt die entscheidende Feinarbeit. Dabei erfolgt die Übersetzung von Erfahrung in Struktur durch Auf- und Abbauprozesse. Lernen wir etwas Neues, dann formen sich Synapsen oder bestehende werden verstärkt. Wird aber ein Mensch verletzt, bauen sich jene Gehirnbereiche ab, in denen diese schmerzhafte Erfahrung abgebildet wird. Erlebt eine Frau so etwas Furchtbares wie eine Vergewaltigung, dann verkleinert sich das Areal, das den weiblichen Schoß abbildet.[56] Weniger Schmerz ist das Ziel. Sieht ein Kind ständig belastende Dinge, verdünnen sich in der Folge seine Sehfelder:[57] eine Art innerer Blickabwendung. Wird ein junger Mensch emotional gedemütigt, verliert der Hirnbereich, der das Sich-selbst-Empfinden ermöglicht, an Volumen.[58] Ein gedemütigter Mensch möchte sich selbst nicht mehr fühlen.

Doch Neuroplastizität ist nicht nur die Handschrift des Leids, sie ist auch die Spur des Gelingens. Erlebt ein Kind

Das Gehirn stöbert am liebsten in seinem eigenen inneren Kosmos und erzählt sich selbst seine Lieblingsgeschichten.

Geborgenheit und Unterstützung, dann wachsen und vernetzen sich limbische Strukturen dergestalt, dass Sicherheit zum Grundgefühl wird. Studien zeigen, dass mütterliche Fürsorge die Entwicklung des Hippocampus und die Stressregulation fördert.[59] Erfährt ein Mensch Anerkennung und soziale Eingebundenheit, stärken sich Schaltkreise, die für Selbstwert, Emotionsregulation und Empathie bedeutsam sind.[60] Gelingt es einem Erwachsenen, durch Psychotherapie oder Achtsamkeitspraxis belastende Erfahrungen zu verarbeiten, können sich geschwächte Hirnareale funktional erholen. So zeigte etwa die Neurowissenschaftlerin Britta Hölzel,[61] dass Achtsamkeitstraining zu einer Verdichtung der grauen Substanz im Hippocampus und im anterioren cingulären Cortex (ACC) führt. Beide Regionen sind zentral für Lernen und Emotionsregulation.

So wird gelebtes Leben zur Hirnstruktur. Passgenau. Um das Gute zu bewahren und um von sich fernzuhalten, was nicht ertragen wird. Das gelingt natürlich niemals in Gänze, da ein Vergessen, so schmerzhaft eine Erfahrung auch war, evolutionär nicht sinnvoll wäre. Dienen doch gerade die schmerzvollen Erinnerungen als Warnhinweise, die uns vor einer Wiederholung des belastenden Erlebens bewahren möchten.

Was sich durch Erfahrung in das Gehirn einschreibt, ist von herausragender Bedeutung, da es zukünftiges Denken und Fühlen prägt, gar bestimmt. Dies umso mehr als das Gehirn am liebsten mit sich selbst kommuniziert. Vergleicht man anatomisch die Ein- und Ausgänge des Großhirns mit seinen internen Verbindungsbahnen oder, anders formuliert, vergleicht man Außen- zur Innenkommunikation, so kommen wir rein über die Anzahl der Nervenverbindungen auf ein gewaltiges Übergewicht zugunsten der Innenkommunikation. Das heißt, das Gehirn stöbert am liebsten in seinem eigenen inneren Kosmos und erzählt sich selbst seine Lieblingsgeschichten. Diese handeln vom eigenen Selbst und von den Dingen und Zuständen der Welt, denen Bedeutung verliehen wurde.

WENN WIR darüber nachdenken, wie das Gehirn seine Form findet, drängt sich unweigerlich die Frage auf, weshalb der Blick auf diese stoffliche Struktur so bedeutsam, gar unabdingbar ist. Die Antwort liegt in einem fundamentalen Prinzip. Menschliches Bewusstsein ist untrennbar mit der biologischen Substanz des Gehirns verbunden. Die einzigartige Qualität bewusster geistig-psychischer Prozesse gilt es natürlich zu würdigen, doch ihr Erscheinen bedarf der neurobiologischen Grundlage.

Bewusstsein ist – so die hier vertretene Annahme – kein losgelöstes Phänomen, keine metaphysische Essenz, die unabhängig von der physikalischen Welt existiert. Vielmehr lässt es sich als eine neuropsychische Aktivität begreifen, ein emergentes Geschehen, das aus der dynamischen Interaktion neuronaler Prozesse hervorgeht. Es gibt keinen Ort im Gehirn, an dem Bewusstsein „sitzt", keine isolierte Struktur, in der es verborgen liegt. Bewusstsein entfaltet sich als ein Muster bildender Prozess, der uns das Denken und Fühlen ermöglicht und zugleich ein Gewahrsein darüber schafft. Bewusstsein ist somit die subjektive Erfahrung, die einem Organismus erlaubt, sich selbst und die Welt in einer besonderen Art wahrzunehmen. Wissend, dass man wahrnimmt.

Mit diesen Gedanken stehen wir erst am Anfang einer tiefgreifenden Auseinandersetzung. Die Natur des Bewusstseins zu verstehen, bedeutet, sich der vielleicht anspruchsvollsten Frage der Menschheitsgeschichte zu stellen. Im nächsten Kapitel wollen wir es trotzdem wagen und unser Nachdenken über das Phänomen Bewusstsein weiter vertiefen, Schritt für Schritt, mit der gebotenen Demut vor der Komplexität des Themas, aber auch mit der Faszination, die aus der Erforschung des wohl größten Rätsels unseres Daseins erwächst.

Bewusstsein. Die Evolution kommt zu sich

Bewusstsein ist das Licht,
in dem sich die Evolution
selbst betrachtet.

BEWUSSTSEIN IST DAS LICHT, in dem die Welt für uns erscheint, der Raum, in dem Gedanken, Empfindungen und Erinnerungen aufsteigen. Dabei offenbaren uns Momente wie das erste Verliebtsein oder eine schmerzhafte Kränkung etwas Wesentliches – die Tiefe, mit der wir die Welt erleben können. Das verdanken wir unserem Bewusstsein. Es ist dieses bewusste Erfassen unserer selbst und der Welt, das uns neben allem Funktionieren auch erleben und fühlen lässt. Es erlaubt uns, die Gefahr, aber auch die Schönheit eines Augenblicks wirklich wahrzunehmen und uns selbst in Beziehung zur Welt zu setzen.

Erst durch Bewusstsein wird aus einem flüchtigen Blick ein Versprechen. Aus der Gegenwart eine Vorstellung dessen, was noch kommen kann. Aus einem verblichenen Foto eine berührende Geschichte unserer Kindheit. Zugleich bleibt es das wohl größte Rätsel der Wissenschaft und Philosophie.

Dabei wird ein besonderer Aspekt des Bewusstseins gerne übersehen: Es zeigt sich nicht als permanentes Licht, das die Welt ununterbrochen beleuchtet. Vielmehr gleicht es einem adaptiven Scheinwerfer, der sich vor allem darauf fokussiert, wo Erwartungen ins Wanken geraten, wo gewohnte Muster nicht greifen, wo die Welt kurz ihre Selbstverständlichkeit verliert. Neurobiologisch betrachtet ist Bewusstsein eng verknüpft mit Prozessen der Diskrepanzverarbeitung. Es entsteht bevorzugt dort, wo die Erwartungen unseres Gehirns durch neue Reize oder unerwartete Ereignisse in Frage gestellt werden. Wenn die Welt erwartbar und stabil erscheint, operieren wir häufig in einem Zustand automatisierter Abläufe. Routinen übernehmen das Steuer, das Default-Mode-Network ist aktiv – jenes „Ruhe-Netzwerk", das uns in einen Tagtraum-Modus versetzt. Nahezu die Hälfte unserer Wachzeit agieren wir mit eingeschaltetem Autopiloten. Erst wenn ein Reiz die bestehende Ordnung irritiert, tritt das Bewusstsein auf den Plan. Es ist gleichsam der Moderator im Moment der Unstimmigkeit. Ein Zustand, der von innerer Orientierung, Aufmerksamkeit und Modellanpassung begleitet wird. Bewusstsein wird damit nicht primär durch das Stabile genährt, sondern durch das Instabile herausgefordert.

So beginnt denn auch die Reise eines Sinneseindrucks lange bevor wir ihn bewusst erleben. Was wir als unmittelbares Da-Sein der Dinge erleben, die scheinbar selbstverständliche Präsenz von Welt, ist in Wahrheit das Ergebnis eines mehrstufigen Verarbeitungsprozesses. Bewusstsein entsteht, so es denn überhaupt erwacht, erst nach 200 bis 300 Millisekunden.[62] Eine lange Zeit, wenn wir den zeitlichen Maßstab neuronaler Verarbeitung zugrunde legen.

Davor bleibt alles, was unsere Sinne erreicht, in einem neuronalen Vorraum des Erlebens.

In dieser Zeitspanne erfolgt zunächst eine Neuigkeitsdetektion, dann eine Bewertung. Welche Bedeutung hat der Sinnesreiz für mich – förderlich, bedrohlich, irrelevant? Diese Einschätzung übernimmt vor allem das limbische System, insbesondere die basolaterale Amygdala, das ventrale tegmentale Areal (VTA) und der Nucleus accumbens.[63]

Trägt der Reiz emotionale Relevanz, öffnet sich die Pforte zum Bewusstsein. Doch auch dann ist eine bewusste Verarbeitung nicht zwingend. Ist ein Reiz zwar bedeutsam, aber bereits vertraut, übernehmen eingespielte Routinen die Reaktion. Die Basalkerne, zuständig für motorische Fertigkeiten, Gewohnheiten und automatisierte Abläufe, greifen auf erprobte Handlungsprogramme zurück. Auf diese Art und Weise entstehen viele alltägliche Reaktionen völlig automatisch, ohne dass ein bewusster Eingriff erforderlich wäre.[64] So bleibt das Bewusstsein jenem vorbehalten, was das bestehende Muster irritiert – dem Neuen, dem Bedeutenden, dem Handlungsrelevanten. Alles andere, ob vertraut oder fremd, verklingt unbemerkt oder wirkt im Hintergrund automatisierter Prozesse.

Ein weiterer Punkt gibt dem Thema Bewusstsein zusätzlich Nahrung: die aktuelle Debatte um die Möglichkeit, künstliches Bewusstsein mittels hochgerüsteter KI zu erschaffen. Im Kern geht es um die uralte, noch immer ungelöste Frage nach der Beziehung zwischen Gehirn und Geist. Etwas klassischer formuliert: Es geht um das sogenannte Leib-Seele-Problem. Somit verhandeln wir, wie sich subjektive, bewusste Erfahrung zu den messbaren, physikalischen Prozessen des Gehirns verhält.

Auf der einen Seite steht das Gehirn, ein physikalisches Objekt – sichtbar, messbar, durch bildgebende Verfahren in seiner Funktion und Dynamik erforschbar. Auf der anderen Seite steht das, was wir den bewussten Geist nennen. Ein subjektives Erleben, das ausschließlich vom jeweiligen Akteur selbst erfahren werden kann. Ein ganz privater Erlebniszustand, der sich einer Objektivierung entzieht und von Philosophen gerne als „Qualia“ bezeichnet wird, die ganz persönlichen Elemente des Erlebens. Nur über sie erfährt man, wie es sich anfühlt, etwas zu sein. Wir können Aktivitätsmuster messen. Wir können neuronale Netzwerke kartieren, synaptische Entladungen visualisieren und algorithmische Modelle des Denkens entwickeln. Doch wir können nicht messen, wie sich ein Sonnenuntergang anfühlt, dem man – auf den Steinstufen der Meeresorgel in Zadar sitzend – in leiser Andacht beiwohnt.

Diese Kluft zwischen der objektiven Beschreibung des Gehirns und der subjektiven Erfahrung des Psychisch-Mentalen wird in der Philosophie des Geistes als „explanatory gap“ bezeichnet. Das ist jene Erklärungslücke, die sich auftut, wenn man fragt, wie aus neuronaler Aktivität bewusstes Erleben hervorgeht. Der australische Philosoph David Chalmers formulierte in diesem Zusammenhang das berühmte „Hard Problem of Consciousness“[65]: Während sich viele „leichte Probleme“ der Bewusstseinsforschung – etwa Aufmerksamkeitssteuerung, Informationsintegration oder Gedächtnisprozesse – funktional erklären lassen, bleibe die zentrale Frage ungelöst: Warum und wie entsteht aus all dem überhaupt ein subjektives Innenleben? Bis heute gibt es keine allgemein akzeptierte Antwort auf dieses „schwierige Problem“. Und doch könnte genau darin seine Bedeutung liegen: Es hält uns an, auf vorschnelle Erklärungen dessen zu verzichten, was noch nicht verstanden ist, und die Komplexität unseres Erlebens mit der nötigen Demut zu betrachten.

Aus dieser grundlegenden Spannung ergeben sich zwei zentrale Fragen. Erstens: Ist der Geist letztlich nichts anderes als eine besondere Folge physikalischer Prozesse? Oder ist er etwas grundsätzlich anderes, eine nichtphysische Dimension, die sich zwar im Körper ausdrückt, ihm aber nicht restlos untergeordnet ist? Zweitens: Wie genau entsteht aus neuronaler Dynamik das, was wir als bewusstes Erleben bezeichnen? Wie kann aus elektrischen Impulsen, biochemischer Kommunikation und synaptischer Plastizität das entstehen, was wir „Ich", „Welt", „Zeit" oder „Liebe" nennen?

Einige Forscher vertreten die Auffassung, dass es eine Eins-zu-eins-Korrespondenz zwischen Gehirnprozessen und mentalen Zuständen geben muss. Dass jeder Gedanke, jedes Gefühl, jede bewusste Erfahrung einem spezifischen neurobiologischen Muster entspricht. Andere Wissenschaftler betrachten diese Sichtweise als zu eng. Sie argumentieren, dass der Geist nicht vollständig auf das Gehirn reduzierbar sei und daher zwischen neuronaler Aktivität und subjektivem Erleben eine Differenz bestehe, die mit rein naturwissenschaftlichen Mitteln unüberbrückbar bleibe. So stellt sich weiterhin die Frage: Wie kommt das bewusste Erleben, wie kommt der Geist in die Welt? Wie kann aus der bloßen Aktivität von Nervenzellen das Erleben von Farben, Klängen, Stimmungen, Bedeutungen entstehen? Oder anders: Wie wird aus einem komplexen Funktionsmodus ein inneres Dasein?

Eine allumfassende Theorie des Bewusstseins existiert nicht. Im Sinne einer suchenden und zugleich orientierenden Annäherung stelle ich hier ein Konzept vor, das aus neurowissenschaftlicher Sicht eine hohe Plausibilität besitzt. Es lautet: Bewusstsein ist untrennbar mit der stofflichen Architektur und dem funktionellen Vermögen des Gehirns verbunden. Zugleich entfaltet es eine eigene, nicht restlos reduzierbare Qualität geistig-psychischer Prozesse. Sein Erscheinen setzt eine morphologisch tragende Grundlage voraus, ohne sich in dieser vollständig auflösen zu lassen. Damit ist keineswegs gemeint, dass sich Bewusstsein auf physikalische oder biochemische Prozesse reduzieren ließe. Es ist als ein emergentes Phänomen zu begreifen, als etwas, das aus der hochdynamischen, komplex vernetzten Aktivität neuronaler Systeme hervorgeht, ohne jedoch in dieser Aktivität ganz und gar aufzugehen.

Bewusstsein ist demnach keine starre Struktur. Es ist kein abgeschlossenes Modul, das „da ist" oder „nicht da ist". Vielmehr handelt es sich um einen prozesshaften Zustand, einen sich fortlaufend verändernden und mit sich selbst im Dialog stehenden Modus des Erlebens. Geformt wird dieser Modus einerseits durch die biologische Evolution, andererseits durch soziale Interaktion und individuelle Reflexion. Bewusstsein ist damit auch ein kulturelles Produkt, ein sich selbst deutendes Geschehen, das in jedem Moment neu auf sich und auf die Welt Bezug nimmt.

DOCH LASSEN SIE uns behutsam vorgehen. Und ich möchte der wortreichen, aber mangels Gewissheit abstrakten Beschreibung etwas Anschaulichkeit zurückgeben. Also auf ein Neues: Damit Bewusstsein entstehen kann, benötigt es eine hochgradig organisierte physische Basis. Um diese hervorzubringen, gliedert sich das Gehirn in mehrere hierarchische Organisationsstufen. Auf molekularer Ebene steuert die DNA biochemische Prozesse, die durch epigenetische Mechanismen moduliert werden. Ein feinsinniges Regulativ, das bestimmt, welche Gene aktiv werden und welche im Hintergrund bleiben. Diese epigenetischen Mechanismen reagieren auf Umweltreize, Erfahrungen, ja sogar auf soziale Interaktionen. Sie beeinflussen die Funktionalität der Gene und damit am Ende auch die biologische Struktur des Gehirns, und zwar über die ganze Lebensspanne hinweg.

Auf neuronaler Ebene sind es die Synapsen, die als Schaltstellen der Kommunikation zwischen den Nervenzellen fungieren. Sie sind wandlungsfähig, nicht statisch. Diese Eigenschaft ist als Neuroplastizität bekannt und erlaubt uns, zu lernen, Erinnerungen zu bilden und uns anzupassen. Nervenzellen verbinden sich auf der nächsten Stufe zu Netzwerken, die wiederum zu komplexen Funktionssystemen verwoben sind. Diese hochspezialisierten Systeme erstrecken sich über die beiden Großhirnhemisphären, die von bis zu 250 Millionen Nervenfasern miteinander zu einem Gehirn verbunden werden.

Hier in den Tiefen des Gehirns entfaltet sich nun ein präzise getaktetes Spiel unzähliger Netzwerke. Einige von ihnen stehen im Dienste der Sinnesreize, die uns von außen erreichen. Andere sind längst frei geworden – frei, um die empfangenen Reize weiterzudenken, neu zu ordnen und auf einer höheren, abstrakteren Ebene zu verknüpfen. Hierfür hat die Evolution in der Großhirnrinde des Menschen Zwischenebenen eingezogen. Schichten der Verarbeitung, die

Sinnesdaten immer freier, immer losgelöster bearbeiten. Nicht um sofort zu handeln, was bei Säugetieren eigentlich den Normalfall darstellt. Nein, der Mensch kann im Raum des Möglichen verweilen. Zwischen Wahrnehmung der Welt und dem Handlungsbefehl spannt sich so ein Feld reiner Denkbarkeit. In diesem Feld formt sich ein ganz bestimmter Hirnzustand: Erregungsmuster, geboren aus dem präzisen Gleichklang zahlloser Nervenzellen. Wie Instrumente eines Orchesters stimmen sie sich in synchronen Rhythmen ab; und diese zeitliche Harmonie wirkt wie ein unsichtbarer Klebstoff. Sie bindet die verstreuten Signale zu einem einzigen stimmigen Augenblickserleben. Aus diesem Takt, diesem zarten und zugleich hochdynamischen Zusammenspiel erwächst unser bewusster Geist. Die Innenansicht eines komplexen Systems. Der Mensch kommt zu sich. Unser Bewusstsein kann somit als ein Prozess angesehen werden, der das Chaos unzähliger Impulse zu einer Einheit zusammenführt und dabei die Tür zu einer eigenen inneren Erlebniswelt öffnet.

Doch Bewusstsein bleibt nicht auf die neurobiologische Ebene beschränkt. Es erreicht seine Vollendung erst auf der sozialen Stufe und damit auf der obersten Ebene unserer Organisationsleiter. Auf dieser vernetzt sich nun kein Neuron, sondern der Mensch als Ganzes. Es ist eine spezifische Gehirnaktivität, die die Entstehung einer bewussten geistigen Sphäre ermöglicht. Mit Inhalten aber füllt erst das soziale Miteinander diese geistig-psychische Dimension. Durch den Austausch, durch die Weitergabe von Erfahrungen und Wissen wird eine immaterielle Bedeutungsebene in die physische Welt des Gehirns hineingegeben. Soziales wird eingefügt in das Biologische. Eine untrennbare Einheit entsteht.

Bewusstsein ist ein kulturelles Produkt, ein sich selbst deutendes Geschehen, das in jedem Moment neu auf sich und auf die Welt Bezug nimmt.

Somit sind es Sprache und Kultur, d. h. zwischenmenschliche Interaktionen, die der psychischen Dimension einen Gehalt verleihen, der über das bloße neuronale Geschehen hinausgeht. Worte, Zuordnungen und Zuschreibungen, Bedeutungen und Sinnbestimmungen: Die biologische Struktur des Gehirns wird durch diese soziale und kulturelle Prägung geformt und überformt. Bewusster menschlicher Geist ist daher mehr als die Summe einzelner Nervenzellen. Er ist das Zusammenspiel von Biologie und Biografie, von Natur und Kultur.

ES IST BEDEUTSAM, die beschriebenen Organisationsstufen bzw. Ebenen als untrennbar vereintes Gesamtsystem anzusehen. Wir alle sind all das. Wir sind all das zugleich. Eine Veränderung auf der untersten molekular-synaptischen Ebene, z. B. durch ein Nahrungs- oder Genussmittel, wirkt sich bis auf die Erlebnis- und Verhaltensebene aus. Umgekehrt manifestiert sich eine neue bedeutsame Erfahrung, die durch den Austausch mit einem anderen Menschen auf der obersten Ebene ermöglicht wird, automatisch auf der Synapsenebene. Denn Lernen vollzieht sich erst, wenn eine Synapsenveränderung die neue Erfahrung in eine morphologische Gestalt übersetzt hat.

Seine Aufgipfelung findet dies in dem Umstand, dass das Gehirn sich in Beziehung zu sich selbst, zum Körper und zur Außenwelt setzt. So wird verständlich, dass alles, was wir erleben, immer ein biopsychisches Geschehen darstellt. Ja, auch unsere Gedanken sind so im Stofflichen verankert. Ein jeder Gedanke entspricht einem ganz bestimmten Funktionszustand des Gehirns und mithin des Organismus. Er beeinflusst den Körper nicht einfach nur, vielmehr ist ein jeder Gedanke schon ein im Körperlichen verankerter physiologischer Zustand. Die Schmetterlinge im Bauch sind nicht Folge eines liebevollen Gedankens, sondern Teil dieses Gedankens. Eine Emotion wird nicht in einigen wenigen limbischen Netzwerken erzeugt. Diese sind war zentral für das Hervorbringen eines bewussten Gefühlserlebens, doch dies stellt einen gesamtorganismischen Zustand dar, bei dem das Gehirn am Ende alle Komponenten zusammenführt und zu einer umfassenden Gestalt ausformt.

Diese Vorgänge machen unsere Gedanken und Einstellungen so mächtig. Studien zeigen, dass allein der Glaube an eine Gewichtsabnahme bereits den Stoffwechsel beeinflussen kann.[66] Die innere Haltung zum Alter kann den Alterungsprozess verlangsamen oder beschleunigen.[67] Manipuliert man die Uhrzeit in der Umgebung eines Diabetikers so, dass sie schneller oder langsamer vergeht, verändert sich sein Blutzuckerspiegel nicht nach der objektiven Zeit, sondern nach der Zeit, die sein Bewusstsein wahrnimmt.[68] Dies alles verdeutlicht: Der menschliche Geist besitzt eine enorme Gestaltungsmacht über den Körper, denn Gedanken sind nicht nur mentale Konstrukte, sie sind gelebte, verkörperte Realität.

Folgen wir diesem Pfad weiter, dann könnte es gar sein, dass Bewusstsein nicht nur im virtuosen Tanz der Hirnnetzwerke erwacht. Es formt sich vielmehr an der Schnittstelle von Gehirn und Körper. Darauf weist der Hirnforscher Antonio Damasio seit Jahren hin. Er sieht die Basis des Bewusstseins in vom Gehirn kartografierten Körperzuständen.[69] Bud Craig[70] präzisiert die Anatomie dieser Interozeption, der Botschaften aus der Körperlichkeit, die wir später noch genauer erkunden wollen. Erst die pulsierende Lebendigkeit des Körpers gibt dem Denken ein erlebbares Subjekt. Ohne diese leibliche Basis, so Damasio weiter, mag Information verarbeitet werden, Erleben jedoch wird daraus nicht.[71]

Wenn Bewusstsein tatsächlich in dieser Form leiblich verankert ist, dann liegt am Grund des Erlebens die Lebendigkeit selbst. Leben ist kein Ding, kein stabiler Zustand. Es ist ein Prozess, ein dauernder Tanz im Ungleichgewicht. Lebendiges Gewebe ist ein offenes System, das sich selbst organisiert, sich selbst erneuert, Energie aufnimmt und in Struktur verwandelt, ohne je zur Ruhe zu kommen. Leben ist Ungleichgewicht in Balance, denn der besondere Funke, der dem Lebendigen innewohnt, ist die Art, wie es sich organisiert, wie es sich gegen das thermodynamische Gleichgewicht stellt. Vermochte es dies nicht, so fiele es auseinander auf den Zustand niedrigster Energie. Wie Duftmoleküle, die sich so lange im Raum verteilen, bis sie im Gleichgewicht zur Ruhe kommen. Lebendiges wirft sich ins Ungleichgewicht: ein Schöpfungsakt aus Instabilität.

WAS LEBEN AUSMACHT, ist also nicht das Material. Darin unterscheidet sich eine Zelle nicht prinzipiell von einem Computerchip. Beide bedienen sich der gleichen Elemente, die das uns allen aus der Schulzeit bekannte Periodensystem bereithält. Die Substanz ist unabdingbar, jedoch ist es die

Organisation, die das Leben hervorbringt und das bewusste Erleben erst möglich macht.[72]

Vor diesem Hintergrund wird die Frage drängend, ob eine künstliche Intelligenz je Bewusstsein haben könnte. Selbst in einem perfektionierten Roboterkörper fehlt ihr Leben. Biorobotische Ansätze, d. h. lebende Komponenten im technischen System, verschieben die Grenze womöglich, aber bis auf Weiteres markiert die Lebendigkeit eine plausible Grenze zwischen Als-ob und wirklichem Erleben. Und so beginnt Bewusstsein nicht mit dem ersten Bit, sondern mit der ersten Bewegung aus dem Leib, die antwortet, gespürt wird und die uns zentriert. Ohne Programmierung, einfach nur, weil sie lebendig ist.

Es bleibt dabei: Obwohl dieses Bewusstsein so wirkmächtig ist, fällt es uns schwer, sein Erwachen nachzuvollziehen. Was unterscheidet einen rein neuronalen Prozess von der subjektiven Erfahrung? Der Kognitionswissenschaftler Joscha Bach spricht von drei Wirklichkeiten, die existieren.[73] In der „physischen Wirklichkeit" treffen wir auf die Welt der Physik: Materie in all ihren Abstufungen (bis hinunter zu quasi-nichtmateriellen Dimensionen der Materie) und physikalische Gesetzmäßigkeiten (z. B. Elektromagnetismus oder die Quantenmechanik), die die Regelhaftigkeit dieser Wirklichkeit bezeugen. Als Analogie könnte hier der Begriff der Hardware dienen. In der „kausalen Wirklichkeit" dagegen stoßen wir auf Strukturen und Muster. Das entspräche der Software. Und schließlich entfalten sich in der „psychologischen Wirklichkeit" das Erleben, die Gedanken und Gefühle. Während Bewusstseinsprozesse insbesondere für die psychologische Wirklichkeit von herausragender Bedeutung sind, aber auch mit spezifischen Musterbildungen einhergehen, besitzen sie auf der rein physikalischen Ebene weniger Relevanz. Ein Neuron kennt kein Bewusstsein.

Analog zum zuvor beschriebenen Mehr-Ebenen-Modell stellen diese drei Wirklichkeiten Aspekte eines großen Ganzen dar. Die psychische Wirklichkeit wäre dann nicht isoliert zu sehen, vielmehr stellt sie ein höherstufiges Geschehen dar, das sich aber sehr wohl in der physikalischen Wirklichkeit verankert weiß.

AUCH AN DIESER STELLE lohnt ein Vergleich zwischen Biologie und KI. Die zweite Wirklichkeitsebene, also die Ebene der funktionalen Musterbildung, bringt neuronale Netzwerke in eine koordinierte Ordnung. Sie erzeugt eine kohärente Dynamik, die unabdingbar ist, um Fähigkeiten wie Aufmerksamkeit, Sprache oder Planung zu ermöglichen. Diese funktionale Architektur stellt eine prozessuale Grundlage des Bewusstseins dar. Beim Menschen jedoch geht es über diese funktionale Dimension hinaus. Sie wird ergänzt und überformt durch eine psychologische Innenperspektive, durch das phänomenologische Erleben, jenes private, je eigene Spüren, Wahrnehmen und Fühlen, das sich nicht in Funktionen auflösen lässt. Eine künstliche Intelligenz könnte durchaus die funktionale Bewusstseinsebene erreichen, also Leistungen erbringen, die beim Menschen in der Regel mit bewusstem Erleben einhergehen. Doch daraus folgt nicht, dass die KI zwingend ein Innenleben besitzen müsste. Sie hätte dann gewissermaßen die architektonische Grundlage, aber nicht das phänomenale Subjektsein. Sie wäre eine zur Leistung befähigende Ordnung ohne Spürbarkeit, eine Intelligenz ohne ein Ich.

Wenden wir es noch einmal anders. Aus Sicht der Komplexitätsforschung besitzt eine einzelne Nervenzelle – wie schon angedeutet – kein Bewusstsein. Aber ein dynamisches Wechselspiel zwischen Nervenzellen und Nervennetzen vermag eine solche neue Qualität hervorzubringen. Frei nach dem Motto: Das Ganze ist mehr als die Summe seiner Teile. Dieses Mehr, diese neue Eigenschaft eines Systems nennen wir Emergenz. Für Emergenz gibt es zahlreiche Beispiele in der Natur. Betrachten wir das Wasser. Haben Sie schon einmal versucht, mit Sauerstoff zu duschen? Mit Wasserstoff wird es Ihnen ebenso wenig gelingen. Denn weder Sauerstoff noch Wasserstoff, beides ja Gase, sind „nass". Wenn die beiden jedoch als H_2O zusammenkommen und sich auf eine bestimmte Art aneinanderreihen, dann entsteht „Nassheit" als eigene Qualität. Eine neue Eigenschaft kommt in die Welt. Nassheit ist die emergente Eigenschaft zweier nicht nasser Elemente. Bewusster Geist ist die emergente Eigenschaft eines besonderen neuronalen Muster bildenden Prozesses, die den einzelnen Nervenzellen unbekannt ist.

Betrachten wir eine weitere Analogie, um der Anschaulichkeit noch mehr Nahrung zu geben. Vielleicht sollte ich hier aber eher von einer Metapher als von einer Analogie sprechen. Ein aus Menschen und Instrumenten zusammengesetztes Orchester stellt die stoffliche Basis für eine Sinfonie dar. Doch das allein genügt nicht. Andernfalls könnte man ja auch vor einer Aufführung einen kurzen Blick in den Orchestergraben werfen, um dann direkt zum Abendessen zu schreiten. Nein, das Aufsteigen aufwühlender Emotionen, wie sie harmonische Klänge hervorzurufen vermögen, bedarf der Aktivität und des fein organisierten Zusammenspiels all der verschiedenen Instrumente. Sie erst erschaffen die Musik und somit das Mehr, das uns berührt und erhebt. Um die Sinfonie zu erleben, genügt es nicht, alles über das Holz der Geigen zu wissen. Denn erkenntnistheoretisch hat sich eine weitere Informationsebene über die Instrumente gelegt. Von diesen zwar abhängig – und doch mehr als das materielle Substrat aus Holz, Blech und wohlgestimmten Saiten. Einmal erklungen, dient diese Musik ferner auch als organisierende Kraft, da die Führung der Instrumente von ihr als takt- und ordnungsgebendem Medium geleitet wird. Die Instrumente bringen also die Klänge hervor, diese wiederum entfalten eine eigene Inhaltssphäre und stellen zugleich eine Muster bildende Instanz dar.

In vergleichbarer Form vereinen sich wechselwirkende neuronale Netzwerke auf eine ganz bestimmte Art und Weise miteinander und erschaffen so ebenfalls ein Muster bildendes Medium. Dieses geht einher mit dem Erwachen einer Innenperspektive des lebenden Organismus. Der Mensch nimmt nicht nur wahr, er nimmt auch wahr, dass er wahrnimmt. Dieses Wahrnehmen zweiter Ordnung ist ein „Zu-sich-kommen". Man wird sich seiner selbst gewahr und dieses Gewahrwerden ist mit einem ganz bestimmten Funktionszustand des Gehirns verknüpft. Der bewusste Geist legt sich gleichsam über die neuronale Ebene. Das Psychische also erwacht auf der Grundlage spezifischer neuronaler Aktivitäten. In der Art, wie sich die Klänge einer Sinfonie über die Instrumente erheben, um den Zauber der Musik zu offenbaren, bringen die schwingenden Nervennetze ein Bewusstsein hervor, das sich über sie legt.

Wir gehen somit davon aus, dass der bewusste Geist eine vom stofflichen Gehirn nicht zu trennende Erscheinung ist.

Das Irritierende dabei ist die Tatsache, dass das Bewusstsein physisch nur schwer dingfest zu machen ist. Bezogen auf das zuvor beschriebene Wirklichkeitenmodell trägt es Züge einer Software (strukturelle Wirklichkeitsebene), um dann auf der psychologischen Wirklichkeitsebene vollends seine Wirkung zu entfalten. Software besitzt ebenfalls keine leicht fassbare Identität. Man kann sie sich als ein Muster bildendes Programm vorstellen. Genau das vollbringt auch das Bewusstsein: eine gleichsam virtuelle Erscheinung, die jedoch die Musterbildung der neuronalen Systeme orchestriert, sie in eine Kohärenz, eine Stimmigkeit führt und sich so als real und wirkmächtig erweist. Wer aber bestimmt, welche Muster sich ausbilden?

DAS GEHIRN wird heute als selbstorganisiertes System interpretiert. D.h. die Organisation von unendlich vielen Systemkomponenten (Nervenzellen, Synapsen, Transmittern, Netzwerken) erwächst aus den Interaktionen und Wechselwirkungen, die zwischen diesen Komponenten bestehen. Sie kann dem System nicht von außen aufgezwungen werden. Die Funktionsweise des menschlichen Gehirns folgt somit dem Primat der aus sich selbst hervorgehenden Aktion.

Der Mensch agiert. Wundervoll zu beobachten, wenn wir Säuglingen beim wilden Gestikulieren, beim Schauen, Jauchzen, Kreischen zusehen. Entladungen, die in die Welt hineinwirken und deren Ergebnis über sensible Nerven dem Gehirn rückgemeldet werden. Schon der kleine Mensch in seiner Unbeholfenheit ist ein Wesen, das sich die Welt handelnd erschließt. Dabei bringt er mit seinem motorischen System immer komplexere Akte einer schließlich – nach vielen Wiederholungen – fein orchestrierten Bewegung hervor. Diese wird von antreibenden emotionalen, motivationalen und immer mehr auch analysierenden kognitiven Prozessen begleitet.

Im aktiven Handeln gilt es, den Herausforderungen der Umwelt entgegenzutreten. Dabei lässt ein raffiniertes Belohnungssystem des menschlichen Gehirns uns ein besonderes Glücksgefühl erleben, wenn wir eine Herausforderung erfolgreich bewältigt haben. Solche Erfahrungen erweitern die Selbstwirksamkeit und gebären in der Folge positive Selbstwirksamkeitserwartungen. Alles das findet Eingang in sich immer mehr verstärkende Netzwerk-Kompositionen. In diese schreiben sich nun – wie wir es schon erkundet haben – die bedeutsamen Erfahrungen ein. Das Gesamtnetzwerk Gehirn gewinnt immer mehr an Gestalt und bildet die morphologisch-funktionelle Grundlage, die schließlich auch in die geistigen Funktionen, in das bewusste Erleben einmünden.

EINE WEITERE Herausforderung stellt das innere Ausloten dieses bewussten Erlebens dar. Gemeint ist das bewusste Erfassen der gesamten eigenen Innerlichkeit. Was alles teilt sich diesem Bewusstsein mit, und ist es uns Menschen möglich, jeden Winkel unserer inneren Welt auszuleuchten? Oder findet – wie manche Autoren meinen – vor allem der sprachgebundene Prozess Einlass in das Bewusstsein? Diese Frage kann ganz klar verneint werden. Die erlebbaren inneren Bewusstseinszustände sind wahrlich reichhaltiger und facettenreicher, als Sprache es einzufangen vermag.

Zugleich wird heute davon ausgegangen, dass nicht mit allen Denkprozessen Bewusstsein einhergeht. Vielmehr werden nur diejenigen Prozesse bewusst, die eine gewisse Intensitätsschwelle überschreiten. Damit das der Fall ist, muss eine große Anzahl Bewusstsein ermöglichender Nervenzellen ausreichend lang Erregungen hervorbringen. Dabei bedarf es wahrscheinlich auch einer Synchronisierung der Erregungssalven.[74] D.h. die beteiligten Nervenzellen und Nervennetze finden nicht nur durch ihre anatomischen Verknüpfungen zueinander, sondern auch über den Rhythmus, mit dem sie feuern und der sie miteinander koppelt. So darf auch angenommen werden, dass das Erwachen des Bewusstseins nicht im Sinne eines An-aus-Schalters funktioniert, sondern dass es fließende Übergänge gibt und unterschiedlich ausgeprägte Bewusstseinszustände existieren. Und nein, in diesem inneren Dialog, den wir mit uns selbst führen, können wir niemals alles ausleuchten, da vieles, was uns ausmacht, in Hirnbereichen repräsentiert wird, die sich unserem bewussten Zugriff entziehen.

Weder ist unser Selbsterleben ein starres Ding noch unsere Identität ein dauerhaft stabiler Zustand. Es ist ein dynamisches Selbstmodell. Ein Modell, das als virtuelle Konstruktion aus verschiedenen Quellen des Gehirns und der Körperlichkeit gespeist wird, um uns in unserer Innerlichkeit und in der Welt zu zentrieren. Was wir von uns wissen und was wir nach außen darstellen und zum Ausdruck bringen, spiegelt nicht alles wider, was wir sind. Es gibt Anteile unseres Selbst, die uns nur partiell bewusst sind. Manches erahnen wir lediglich, als flüchtige Intuition, als inneres Flimmern am Rand des Gewussten.

Haben Sie sich auch schon einmal gefragt, ob eine ganz bestimmte Eigenschaft tatsächlich Teil Ihres Wesens ist? Vielleicht, weil Sie befürchten, sie in sich zu tragen oder –

Bewusstsein ist eine virtuelle Realität, die unser Gehirn erzeugt, um eine Welt zu erleben, in der wir handlungsfähig sind.

ganz im Gegenteil –, weil Sie sich wünschen, dass sie in Ihnen sein möge?

DER PHILOSOPH und Bewusstseinsforscher Thomas Metzinger beschreibt eine basale Form des Bewusstseins. Sie wird als ein Zustand angesehen, der tiefer liegt als das, was wir gewöhnlich als bewusstes Erleben verstehen: eine Art minimales phänomenales Bewusstsein.[75] Der Begriff „phänomenal" beschreibt in diesem Kontext Ereignisse, die sich uns ganz individuell im inneren Erleben offenbaren. Diese basale Bewusstseinsform existiert, bevor sich konkrete innere Bilder, Sprache oder klare Wahrnehmungen herausbilden. Sie ist mehr als bloße Wachheit, da Wachheit allein – wie etwa im Fall von Wachkoma-Patienten – nicht notwendigerweise mit Bewusstsein im eigentlichen Sinne einhergehen muss. Während unser alltägliches, volles Bewusstsein mit Wahrnehmungen, Gedanken und Emotionen gefüllt ist, existiert diese minimale Variante auch schon, wenn noch keine konkreten Inhalte vorhanden sind.

Metzinger beschreibt diesen Zustand als eine Art Grundmodus phänomenaler Existenz, in dem es zwar eine subjektive Perspektive gibt, aber noch keine klaren Objekte oder Narrative. Es ist ein reines Gewahrsein, ein Existenzempfinden ohne Worte und ohne Verortung. Es ist – mit den Worten von Metzinger –, als würde eine innere Stille zu sich kommen. Dieses basale Bewusstsein ist gewissermaßen die Grundmatrix, auf der unser volles, reichhaltiges Ich-Bewusstsein aufbaut. Ein Zustand, der uns zeigt, dass bewusstes Erleben nicht plötzlich aufleuchtet, sondern sich aus tieferen Prozessen schrittweise herausbildet.

Dieses basale Bewusstsein, das vor allen Inhalten, vor dem Ich-Erleben und vor den Bildern und Geschichten des Geistes zugegen ist, wird von vielen spirituellen Autoren als „das wahre" Bewusstsein oder gar als die unsterbliche Seele angesehen. Ob das wahre Bewusstsein, ob die unsterbliche Seele oder – wie hier favorisiert – eine durch das neurophysiologische Aktivitätsniveau bestimmte basale Form des Bewusstseins: In jedem Falle scheint es die Grundlage aller höheren Bewusstseinsformen darzustellen. Es ist immer vorhanden, aber meist von Gedanken und Sinneseindrücken überlagert. Metzinger zeigt, dass das, was wir „Ich" nennen, auf tieferen Schichten des Bewusstseins ruht, einem stillen Hintergrund, der erst die Bühne für unser inneres Erleben bereitet. Es ist eine offene Frage, ob dieser stille Hintergrund unter seiner ruhigen Oberfläche doch schon gewisse Aktivierungstendenzen bereithält.

Anders gefragt: Existieren Wesenszüge unseres Selbst vor aller Ich-Konstruktion und Selbstmodellierung? Diese finden ja vor allem als Widerspiegelungen gemachter Erfahrungen und nicht zuletzt auch äußerer Zuschreibungen ihren Niederschlag im Gehirn. Und weiter: Erlauben uns tiefe Reflexion oder Meditation eine Kontaktaufnahme zu ansonsten kaum vernehmbaren Wesensmerkmalen, die aber schon angelegt sind? Könnten diese durch Genetik, Epigenetik und allerfrüheste Erfahrungen angelegten Merkmale eine Art Selbstkontakt ermöglichen, der ganz basale und vom Leben wenig kontaminierte Erlebniszustände bereithält?

MEINE WUNDERVOLLE FRAU sagte einmal zu mir, nachdem ich etwas getan hatte, das ihrer Meinung nach ganz meinem innersten Wesen entsprach: „Genau so bist du gemeint." Dieser Satz berührte mich tief und ließ mich nicht los. Könnte es sein, dass, wenn wir in dieses Leben treten, auf jener basalen Stufe des Bewusstseins, die noch ganz in der Stille ruht, bereits etwas angelegt ist, das die Grundtendenzen unseres Wesens in sich trägt?

Vielleicht liegt die Antwort weniger in weiterer Analyse als vielmehr in der tiefen Kontaktaufnahme mit sich selbst. In einer Begegnung, die der Stille bedarf, um hören zu können, was hinter den Worten liegt, was sich im Verborgenen andeutet, bevor es Sprache wird. Vielleicht gibt es dort, in diesem inneren Raum, einen Erlebnisort, der uns spüren lässt, dass unser Selbstmodell eine vom Leben und von Erfahrung gespeiste Konstruktion ist – formbar, veränderlich, im Fluss. Und zugleich lässt uns dieser Ort ahnen: Wir sind mehr als die zu einem Selbstbild geronnenen Niederschläge der Welt, die sich im Laufe der Zeit auf uns gelegt haben. Dort – in der Tiefe der Stille – könnte sich ein Wissen zeigen, das nicht gelernt, sondern erinnert wird. Ein Wissen um das, was wir vielleicht immer schon sind. Und das manchmal, in einem Moment der Begegnung, von außen benannt wird: „Genau so bist du gemeint."

Ist das bisher Beschriebene wissenschaftlich plausibel? Ja. Könnte es trotzdem auch ganz anders sein? Ja! Bei aller

Plausibilität müssen wir, solange es noch so viele offene Fragen gibt, immer auch für alternative Konzepte offen bleiben.

So gilt in idealistischen Denkrichtungen nicht das Materielle, sondern das Bewusstsein als das Primäre. Als Grunddimension der Welt ist es immer schon da, vergleichbar mit den Naturgesetzen. Wie ein Feld, das unter bestimmten Bedingungen, z. B. bei ausreichender neuronaler Kohärenz, in Erscheinung tritt. Demgegenüber versteht die hier vertretene Position Bewusstsein als emergentes Phänomen, als späte Frucht der evolutionären Komplexität neuronaler Systeme – anerkennend, dass in der Tiefe des Materiellen Nichtmaterielles sein Werk verrichtet. Die Perspektive, die Bewusstsein als Grundschwingung des Universums denkt, bleibt dennoch faszinierend. Bewusstsein als etwas, das allem innewohnt. Wie ein tiefer Ton, der überall gegenwärtig ist, aber nur an bestimmten Orten zum Klingen kommt.

Bewusstsein, so dürfen wir zusammenfassend konstatieren, ist real, wenn auch nicht so, wie viele es sich vorstellen. Es ist eine virtuelle Realität, die unser Gehirn erzeugt, um eine Welt zu erleben, in der wir handlungsfähig sind. Doch bei aller Unsicherheit scheint eines gewiss: Einmal erwacht, ist bewusster Geist auf der Suche nach Bedeutung, nach Sinn. Er strebt nach Kohärenz, also nach Stimmigkeit im Reigen seiner inneren Strebungen. Ferner möchte bewusster Geist nicht allein sein, und er möchte leben.

Das verkörperte Selbst. Warum Berührung Leben heißt

Der Körper als Bühne – wie das Selbst im leiblichen Spüren auftaucht

DEM STAUFER FRIEDRICH II., Kaiser des römisch-deutschen Reichs im 13. Jahrhundert, wird ein bemerkenswertes und zugleich erschütterndes Experiment zugeschrieben. Getrieben von der Frage, welche Sprache Kinder natürlicherweise – also ohne äußere Einflussnahme – sprechen würden, ließ er Neugeborene an Ammen übergeben. Diese sollten sie mit allem Notwendigen versorgen, jedoch auf jegliche verbale oder zärtliche Zuwendung verzichten. Das Experiment scheiterte. Alle Kinder starben.

Ob sich dieses sogenannte Waisenkinderexperiment tatsächlich in der überlieferten Form zugetragen hat, ist historisch umstritten. Doch sein Nachklang wirft einen langen Schatten und weist auf eine tiefe Wahrheit: Leben heißt Berührung. Wir wiegen unsere Kinder in den Schlaf, streicheln ihre Wangen, drücken ihnen Küsschen auf die Stirn. Wir legen tröstend eine Hand auf eine Schulter, umarmen einander in Momenten von Freude, Schmerz oder Liebe.

Berührungen begleiten unser Leben als leise, aber tiefgründige Sprache, oft unbewusst, stets wirksam. Sie sind nicht bloß Gesten. Sie sind Biologie, Kommunikation und Regulation in einem.

Der erste Ort, an dem sich unser Bedürfnis nach Berührung manifestiert, ist die Haut. Jenes faszinierende Organ, das uns einhüllt und fühlend mit der Welt verbindet. Mit ihren Millionen tastsensiblen Rezeptoren ist sie weit mehr als eine schützende Hülle. Sie ist ein hochsensibles Kommunikationssystem, ein Wahrnehmungsraum, in dem Selbst und Welt gespürt werden. Doch nicht genug damit. Tastsensible Rezeptoren finden sich auch im Inneren des Körpers. Denn die Impulse dieses so besonderen Sinneskanals ermöglichen den Empfang von Reizen der Außenwelt wie auch „Berührungen“ und Bewegungen der körperlichen Innenwelt. Diese werden mittels tief liegender Rezeptoren erfasst.

Die Frage, welche Rezeptortypen zum Tastsinnessystem gezählt werden, wird unterschiedlich beantwortet. Neben der sich nach außen wendenden Exterozeption, die durch das Tastsinnessystem der Haut repräsentiert wird, finden sich auch Lage-, Bewegungs- und Spannungsrezeptoren in Muskeln, Gelenken und Sehnen. Diese als Propriozeption bezeichnete Empfindungsqualität kann als der nach innen gewendete Teil des Tastsinnessystems angesehen werden. Sowohl außen- als auch innengewendet zeigt sich die dritte Rezeptorfamilie: Wir sprechen von der Interozeption. Bei ihr handelt es sich um feinste Nervenäste, die – sowohl in der Haut als auch in der Innenwelt aller Organe und Gewebe sich verteilend – Informationen über die Verfasstheit der gesamten körperlichen Peripherie übermitteln. Sie registrieren die Temperatur und Stoffwechsellage, sie erfassen mechanische und allgemein gewebeschädigende Prozesse, die sich im Gehirn zum Schmerzerleben aufschaukeln können, und nicht zuletzt empfangen auch sie Berührungsreize, da zahlreiche Ausläufer dieses interozeptiven Systems auch die Haut bevölkern. Somit können schließlich auch Teile der Interozeption zum Tastsinnessystem gezählt werden.

Der Tastsinn, so umfassend verstanden, ist damit sowohl ein Sinn für das Außen als auch ein Sinn für das Selbsterleben des Menschen. Mit weit über 900 Millionen tastsensiblen Rezeptoren ist der menschliche Körper durchzogen von einer sensorischen Intelligenz, die ständig mit der Umwelt und der körperlichen Innerlichkeit kommuniziert.[76] Ein Großteil dieser Rezeptoren befindet sich in den besonders empfindsamen Zonen der Haut: an Lippen, Zunge, Fingerkuppen, Genitalien und Haarfollikeln. Viele dieser Rezeptoren zeigen eine sogenannte Ruheaktivität, eine Art biologischen Standby-Modus. Selbst ohne äußeren Reiz senden sie kontinuierlich Signale aus. Dieses leise Hintergrundrauschen bildet eine der Grundlagen für unser Körperbewusstsein – eine ständige, unbewusste Selbstvergewisserung des eigenen Daseins.[77]

Im Unterschied zu anderen Sinnen ist der Tastsinn nicht optional. Menschen können blind oder taub zur Welt kommen und dennoch ein erfülltes Leben führen. Doch ein Mangel an Berührung – besonders in den ersten Lebensjahren – bleibt nicht folgenlos. Studien zeigen, dass eine Störung des Tastsinns sich negativ auf Wachstum, Immunsystem und emotionale Entwicklung auswirkt.[78] Ein völliges Fehlen des Tastsinns wäre mit dem Leben vermutlich nicht vereinbar. Der Psychologe und Haptikforscher Martin Grunwald spricht in diesem Zusammenhang vom „Kontaktgesetz“, da jedes Lebewesen – vom Einzeller bis zum Menschen – auf Kontakt, auf Berührung und Reaktion angewiesen ist. In seinem Buch *Homo hapticus* formuliert er: „Die direkte Kopplung biologischer Wachstumsprozesse an die physische Reizung des Körpers folgt dem Naturgesetz, dass die Entwicklung von Leben nur dann biologisch sinnvoll ist, wenn artgleiche Organismen in direkter Nähe vorhanden sind. Kein Säugetier würde es unter natürlichen Bedingungen schaffen, ohne direkten Kontakt zu Artgenossen – insbesondere zur Mutter – lebensfähig zu bleiben und sich zu entwickeln.“[79]

Diese schlichte Wahrheit trägt eine leise Wucht in sich. Berührung ist Daseinsbestätigung. Ohne sie verliert das Leben seine Richtung. Die zentrale Bedeutung frühzeitiger Berührung spiegelt sich heute in der Entwicklungspsychologie ebenso wie in der klinischen Praxis. Gerade bei Frühgeborenen, deren Start ins Leben oft von Technik, Inkubatoren und medizinischer Überwachung geprägt ist, zeigt sich: Der Körper braucht Kontrolle und fürsorglichen Kontakt. Im sogenannten Känguru-Stil – einer Methode, bei der das Frühgeborene regelmäßig und intensiv Haut an Haut auf der Brust der Eltern ruht – entfalten sich erstaunliche Effekte. Studien belegen: Diese Form des Körperkontakts fördert die physiologische Stabilität, verbessert die Sauerstoffsättigung, regt die Hirnreifung an und wirkt sich positiv auf Gewichtszunahme und Immunkompetenz aus.[80]

Doch nicht nur Frühgeborene profitieren. Bei allen Säuglingen finden wir, dass Haut-zu-Haut-Kontakt Bindung stärkt, das vegetative Nervensystem beruhigt und emotionale Sicherheit fördert.[81] Berührung ist also Regulation. Sie balanciert das Nervensystem, stimuliert Wachstum, beruhigt das Herz, stärkt die Immunantwort. Doch dafür braucht es eine Grundlage. Ein Gehirn, das Berührung überhaupt erfassen kann. Und dieses System beginnt sich früher zu entwickeln, als man lange dachte. Bereits in der siebten Schwangerschaftswoche reagiert der menschliche Embryo auf Berührungsreize, zuerst an den Lippen.[82] Es sind feine, kaum sichtbare Regungen, doch sie markieren einen bedeutsamen Moment der Entwicklung: Der werdende Mensch spürt sich erstmals. Die Reaktion erfolgt nicht nur passiv. Die registrierte Berührung löst eine motorische Antwort aus, eine Bewegung. Damit treten zwei Systeme in einen frühen Dialog, das sensible und das motorische. Schon zu diesem Zeitpunkt ist der Kontakt mit der Welt ein aktives Geschehen, ein sich Annähern und Antworten, ein Ertasten des Selbst inmitten der mütterlichen Umgebung.

Ab der 14. Schwangerschaftswoche ist der gesamte Körper des Ungeborenen fähig, Berührungsreize aufzunehmen. Die Haut wird zur ersten Bühne der Weltbeziehung, lange bevor Licht, Klang, Duft oder Geschmack Bedeutung gewinnen. Das Ungeborene beginnt sich selbst zu berühren, vor allem im Gesicht. Diese Selbstberührungen treten häufig auf, wenn die mütterliche Stressbelastung steigt. Sie gelten als erste Form unbewusster Selbstregulation. Ein Prinzip, das den Menschen bis ins Erwachsenenalter begleiten wird.[83]

Ein faszinierendes Detail in dieser Phase der Entwicklung ist das Lanugohaar, ein feiner Flaum, der zwischen der 13. und 16. Schwangerschaftswoche zu sprießen beginnt und beinahe den gesamten kleinen Körper bedeckt. In Verbindung mit den Haarfollikelrezeptoren, die seine in der Haut liegende Basis umspinnen, bildet es ein hochempfindliches Sensorennetzwerk. Das Fruchtwasser, das die feinen Härchen umspielt, löst mikroskopisch kleine Bewegungen aus, die von den Rezeptoren wahrgenommen und ans Gehirn weitergeleitet werden. Diese Wellen des Spürens lösen im sich entwickelnden Organismus weitreichende Reaktionen aus. Das Gehirn wächst, Bewegungsmuster differenzieren sich, Oxytocinfreisetzung und parasympathische Aktivierung werden angestoßen.[84]

SO BEGINNT schon im Mutterleib jenes Zusammenspiel von Körper, Berührung und Gehirn, das später unsere emotionalen, sozialen und somatischen Erfahrungen prägen wird. Wie aber gelangen Berührungen ins Bewusstsein? Wie wird ein flüchtiger Reiz, ein Hauch auf der Haut, ein Druck, ein sanftes Streicheln zu einer Erfahrung, zu Bedeutung, zu Beziehung?

Der Weg beginnt in der körperlichen Peripherie, in den fein verästelten Fortsätzen sensibler Nervenzellen. Diese in der Nähe des Rückenmarks residierenden Nervenzellen senden ihre Ausläufer in die Haut und in das Körperinnere, wo sie in zwei grundsätzlich verschiedenen Formen enden: frei als unverhüllte Nervenendigungen, gebildet von den langsam leitenden, dünnen C-Fasern, die aus der Haut vor allem Temperatur, Juckreiz und Schmerz übertragen. Oder umhüllt und von bindegewebigen Strukturen erweitert, die gemeinsam mit Aβ-Fasern hochpräzise Reize wie Druck, Vibration oder Berührung aufnehmen.

Die Aβ-Fasern sind mit einer dicken, isolierenden Schicht umgeben, was ihnen erlaubt, Reize besonders schnell und exakt weiterzuleiten. Diese „Berührungsmelder“ liefern die Grundlage für die sogenannte diskriminative Verarbeitung, also die Fähigkeit, Reize nicht nur zu empfinden, sondern fein zu differenzieren: Ort, Intensität, Richtung, Textur. Diese Impulse erreichen eine spezifische Region in der Großhirnrinde, die eine exakte Landkarte des Körpers abbildet. Auf dieser inneren Hautkarte wird jede Berührung entschlüsselt, verortet, interpretiert.

Alle diese Rezeptoren formen gemeinsam ein faszinierend präzises System der äußeren Welterfassung durch Hautkontakt. Doch Berührungen können vom Menschen nicht nur exakt beschrieben, sondern auch in ihrer Sanftheit gefühlt werden. So existiert neben dem diskriminativen Pfad ein zweiter, erst spät entdeckter Weg, der affektive Pfad der Berührung. Dieser folgt anderen Regeln, denn Berührungen erzählen unterschiedliche Geschichten. Manche von ihnen sind präzise, rasch, analytisch. Sie informieren. Andere sind langsam, warm, tiefgehend. Sie berühren in einem tieferen Sinne. Diese zweite Form der taktilen Erfahrung wird über ein eigenes neuronales System vermittelt: die sogenannten C-taktilen Fasern. Es sind besonders feine, sich ohne isolierende Umhüllung durch die Gewebe ziehende Nervenfasern, die in der behaarten Haut sitzen. Sie leiten langsam und sanft.

Entdeckt wurden sie in den 1990er-Jahren von einem schwedischen Forscherteam um Ake Vallbo, und seither steht fest: Berührung ist nicht nur Information, sie ist Emotion. Das CT-System reagiert optimal auf Streicheln mit einer Geschwindigkeit von etwa drei bis fünf Zentimetern pro Sekunde bei leichtem Druck und einer Temperatur von 32 Grad Celsius – also genau der Temperatur unserer Hautoberfläche. Es ist, als sei dieses System eigens dafür geschaffen, jene liebevollen Bewegungen zu registrieren, mit denen wir intuitiv einen anderen Menschen berühren, beruhigen, willkommen heißen. Wenn diese Fasern feuern, geschieht etwas Tiefgreifendes. Während Aβ-Fasern in der klassischen Körperlandkarte der Großhirnrinde verarbeitet werden, nehmen die CT-Fasern eine andere Route. Sie enden in der Insula, einem nach innen umgeschlagenen Teil der Großhirnrinde, der zum limbischen System gezählt wird.

Dort werden sie in eine andere Sprache übersetzt: in Empfindung, in Bedeutung, in Gefühl. Die Stimulation der CT-Fasern löst nachweislich bedeutsame physiologische Veränderungen aus. Oxytocin wird freigesetzt – das Bindungshormon schlechthin. Der Parasympathikus wird aktiviert – unser System der Ruhe und Regeneration. Serotonin und körpereigene Opiate werden stimuliert – Neurotransmitter des Wohlgefühls. Das Schmerzerleben wird herabgesetzt, sogar das Immunsystem wird positiv beeinflusst.[85]

Der Tastsinn ist somit ein existenzielles Sinnesorgan der Weltwahrnehmung und zugleich ein Emotions- und Beziehungsregler, eine Brücke zwischen Körper, Geist und Mitmensch. Wenn wir einander sanft, zugewandt, achtsam berühren, geschieht mehr als ein Reiz auf der Haut. Etwas in uns öffnet sich. Ein Gefühl von Geborgenheit und Vertrauen: „Ich bin gemeint."

Biologisch betrachtet ist es das Oxytocin, das diesen Eindruck mitgestaltet und uns Nähe erfahren lässt. In der frühen Mutter-Kind-Bindung ist Oxytocin jener stille Mittler zwischen Körper und Beziehung. Es wird freigesetzt beim Stillen, bei Blickkontakt, beim Halten und Tragen, beim leisen Summen und vor allem beim Streicheln. Es stimuliert den Milchfluss und formt Bindung auf neurochemischer Ebene. Auch im Erwachsenenalter bleibt Oxytocin aktiv:

Wir sind leiblich verankerte Wesen, unsere Gefühle entstehen im Spiel zwischen Nervensystem, Körper und Umwelt. KI hingegen operiert rein symbolisch, ohne eine organische Grundschicht.

beim Kuscheln, beim vertrauensvollen Gespräch, beim Sex. Bei jedem körperlich und emotional bedeutsamen Kontakt webt es an der unsichtbaren Matrix der Verbundenheit. Oxytocin macht nicht nur glücklich, es stärkt auch die Beziehungsfähigkeit. Es wirkt beruhigend, angstlösend, schmerzlindernd. Und es erinnert uns an etwas, das jenseits der Worte liegt: Wir sind füreinander da.[86]

Doch was passiert, wenn Berührung ausbleibt? Wir leben in einer Zeit, in der Nähe neu verhandelt wird. In der Berührung – einst selbstverständlich – mehr und mehr unter Hygienestandards, Zeitdruck oder digitaler Mediation verschwindet. Oft geschieht das unbemerkt. Die Begegnungen werden flüchtiger. Das Händeschütteln weicht dem Nicken, die Umarmung dem Bildschirmlächeln, die körperliche Präsenz der Online-Kommunikation. Was uns dabei verloren geht, ist – neben der Wärme auf der Haut – auch eine Form der körperlichen Synchronisation und Resonanz, die tief ins neuronale Gewebe reicht. Denn unser affektives Berührungssystem ist nicht für Maschinen gemacht. Es ist darauf ausgelegt, von etwas Lebendigem berührt zu werden. Von einer Hand, die sich nähert, die spürt und genau mich meint.

ERNEUT WOLLEN WIR einen Blick auf die künstliche Intelligenz werfen. Sie kann rechnen, ordnen, verknüpfen und in Millisekunden Muster erkennen, die uns entgehen würden. Aber eines kann sie nicht: feine Berührungsreize empfangen, sie in den Leib einschreiben und in lebendige Gefühlsempfindungen überführen. Für KI ist die Haut eine Datenoberfläche, kein Resonanzorgan. Wo der Mensch in einer zarten Berührung Wärme, Intimität oder Trost erfährt, registriert die Maschine Druckwerte oder Vektoren im Raum.

Gerade darin zeigt sich ein tiefer Unterschied. Wir sind leiblich verankerte Wesen, unsere Gefühle entstehen im Spiel zwischen Nervensystem, Körper und Umwelt. KI hingegen operiert rein symbolisch, ohne eine organische Grundschicht. Doch je mehr Begegnungen in digitale Räume verlagert werden, desto mehr gerät dieser Unterschied ins Wanken. Wenn Nähe primär über Bildschirme vermittelt wird, laufen wir Gefahr, uns an eine verflachte Form der Interaktion zu gewöhnen. So stellt sich die Frage: Was bedeutet es für uns als leiblich-fühlende Wesen, wenn die Formen der Nähe, die unser Nervensystem seit Jahrmillionen prägen, zunehmend ausdünnen? Und was geschieht, wenn wir in einer Welt leben, in der Berührtwerden zur raren Erfahrung wird?

Wissenschaftlich ist längst belegt, was intuitiv spürbar ist. Chronischer Mangel an Berührung schwächt die emotionale Gesundheit und kann zur Entstehung von Schlafstörungen, Problemen des Immunsystems, der kardiovaskulären Regulation und der Schmerzverarbeitung beitragen. Nicht umsonst sprechen Forscherinnen wie Uvnäs-Moberg, der Psychiater Müller-Oerlinghausen und viele weitere von der Notwendigkeit einer neuen Berührungsmedizin.[87] Eine Medizin, die nicht nur auf Medikamente setzt, sondern ebenso auf die heilende Kraft des Kontakts. Immer mehr Studien zeigen: Die gezielte Anwendung von Berührung ist weit davon entfernt, ein esoterisches Konzept zu sein. Sie ist ein medizinisch wirksames Vorgehen. Das berührungsaffine C-taktile System – einst unbeachtet – rückt nun zunehmend in den Fokus einer integrativen Medizin. Denn was einst mütterliche Intuition war, ist heute wissenschaftlich erklärbar. Berührung ist ein Regulationsimpuls, eine Intervention, deren Reiz leise ist und deren Wirkung tief reicht.

Besonders faszinierend: Die CT-Fasern, obwohl in der Haut liegend, gehören neurophysiologisch zur Interozeption, jenem inneren Sinn, der die Verfasstheit unseres Körpers insgesamt meldet. Berührung, das wird hier deutlich, ist außen wie innen, sie ist beides. Sie ist Grenzsignal und Einladung zugleich. Ein taktiles Echo des Verbundenseins, das die inneren Regulationsmechanismen anzustoßen vermag.

VERWEILEN WIR noch einen Augenblick bei der Interozeption, um das Bild unseres körperlichen Selbsterlebens zu vervollständigen. Gerade sie spielt eine zentrale Rolle für den Aufbau eines vollständigen „materiellen Ich-Erlebens“, wie es der Neuroanatom Bud Craig formulierte.[88] Grundlage der Interozeption ist die Gesamtheit aller dünnen, sensiblen Nervenfasern. Neben den C-Fasern treffen wir hier noch auf die Aδ-Fasern. Eine dünne, isolierende Ummantelung unterscheidet sie von den C-Fasern. Beide Faserarten durchziehen nahezu alle Gewebe des Körpers, besonders ausgeprägt die inneren Organe. Als interozeptive Fühler reagieren sie auf innere Veränderungen – mechanische Effekte, chemische Prozesse, Temperaturunterschiede, Stoffwechselaktivität, Gewebeschäden oder Entzündungen.

Diese Signale liefern dem Gehirn fortlaufend Informationen über die momentane Befindlichkeit des Körpers. Ihr Zielort ist vor allem die Insula, die man deshalb auch als „interozeptive Großhirnrinde" bezeichnet. Der vordere Teil dieses insulären Cortex fungiert als zentrale Schaltstelle. Hier werden in Zusammenarbeit mit weiteren Hirnarealen die eintreffenden Impulse in konkrete Empfindungen übersetzt. Als Wohlbehagen, als Schmetterlinge im Bauch, als pochendes Herz, als Ekel oder als Schmerz.

Interozeptive Empfindungen spiegeln also die inneren Zustände des Körpers wider und genau deshalb sind sie so eng mit Emotionen verbunden. Jede starke emotionale Regung geht mit spürbaren Körperveränderungen einher: ein rasendes Herz, kalte Hände, Schweiß auf der Stirn. All dies ist nicht nur Begleiterscheinung von Angst, sondern ihr unmittelbarer Bestandteil. Die Interozeption bildet so auch die Basis für das körperlich geprägte Gefühlserleben.

Ob ein Entzündungsreiz erkannt werden muss, ein Schmerzsignal dringliche Aufmerksamkeit verlangt, eine emotionale Erregung in den Körper ausstrahlt oder aus dem Körper aufsteigende Signale eine gezielte Regulation einfordern – all diese Informationen laufen in der Insula wie auf einem neurobiologischen Mischpult zusammen. Hier liegt die Verbindungslinie zwischen körperlicher Zustandsmeldung und subjektivem Selbsterleben. Hier ist der Ort, in dem das Selbst sich spürt, bevor es sich denkt. Was wir als Ich oder als Selbst bezeichnen, ist somit ein in seinem Fundament verkörperter Prozess. Er entsteht dort, wo das Gehirn den Körper nicht nur reguliert, sondern fühlt, dass es lebt.

Der Mensch mit all seinem geistigen Vermögen ruht am Ende doch in der Körperlichkeit. Erst in der Schwerkraft des Körpers, im steten Wandel der inneren körperlichen Funktionen und Zustände, im zitternden Empfinden der Haut wird das Geistige spürbar. In jeder Berührung, in jeder Träne, in jedem Moment des bewussten Daseins wird das Unsichtbare sichtbar, das Flüchtige greifbar, und zwar durch den Körper. Vielleicht ist eben dies der Sinn vom Geist im irdischen Dasein des Menschen. Dass er nicht entrückt ist, sondern verkörpert wird. Nicht irgendwo im Himmel, sondern mitten im Herzschlag unserer Existenz.

VOR DIESEM HINTERGRUND stellt sich eine spannende Frage. Kann KI, selbst bei weiterem technischem Fortschritt, je zu Gefühlen im eigentlichen Sinne gelangen? In Anbetracht der beschriebenen Leibgebundenheit von Emotionen darf das als große Herausforderung angesehen werden. Und noch wichtiger: Wäre ein solcher Schritt überhaupt wünschenswert?

Die häufig zu vernehmende Forderung, KI müsse menschlicher werden, gar fühlen können, betrachte ich mit Skepsis.[89] KI hat ihren Platz, wenn sie als Instrument dem Wohle des Menschen dient. Dafür braucht sie kein Menschenkostüm. Im Gegenteil. Anthropomorphisierung vernebelt die Sicht. Warum? Mit der Philosophin Eva Weber-Guskar gilt es zu betonen: Fühlen ist ein Doppelmandat!

Lust und Schmerz, Freude und Leid. Die neurobiologische Logik der Emotion ist verkörpert. Valenz- und Interozeptions-Systeme verankern Emotion in Gehirn, Körper und Geist. Wer echtes Empfinden baut, baut auch die Möglichkeit des Leidens. Davon haben wir, nüchtern betrachtet, genug in der Welt. Der ethische Imperativ sollte demnach lauten: Kein neues Leid erzeugen. Unsere Aufgabe ist es, das vorhandene Leid zu mindern. Daran scheitern wir oft genug.[90]

Warum also Leid in Silizium gießen, wenn es vielmehr darum geht, Werkzeuge zu bauen, die helfen könnten, Leid zu verringern. Systeme, die bei der Analyse helfen, Entscheidungen unterstützen, Risiken senken, Fürsorge erleichtern, ohne ein zum Leiden befähigtes Innenleben. Kurz gesagt, KI als präzises, intelligentes Instrument, nicht als neues „Wesen“. Menschlichkeit bleibt Aufgabe des Menschen.

Veränderung. Denken, Fühlen und Körper begegnen sich

*Wir spüren schon früh,
was ist – es ist nur schwer,
es auszusprechen.*

EINE EXISTENZIELLE FRAGE, die den meisten von uns irgendwann wie ein scheuer Gedanke durch das mentale Geäst huscht, lautet: Bin ich in meinem Leben auf dem richtigen Weg? Diese Frage ist so alt und zugleich so aktuell wie persönlich. Lassen Sie sie uns mit dem feinen Besteck der Neurowissenschaften sezieren. Nicht um sie zu entzaubern, sondern um ihr Wesen tiefer zu verstehen.

Das menschliche Gehirn ist ein Meister der rasch – schier intuitiv – ablaufenden Mustererkennung. Innerhalb von Millisekunden können wir erspüren, ob etwas passt, ob ein Mensch, ein Ort oder eine Entscheidung in Resonanz mit uns tritt. Diese Intuition ist keineswegs irrational. Im Gegenteil! Sie speist sich aus einem komplexen Zusammenspiel bewusster und vor allem unbewusster Erfahrungswerte, limbischer Aktivierungen und der interozeptiven Rückmeldung aus dem Körper. Diese somatischen Marker – also leiblich erlebbare Reaktionen auf emotionale Bewertungen und Aktivierungen – helfen uns dabei, Entscheidungen zu treffen, bevor der präfrontale Kortex auch nur einen einzigen Argumentationssatz gebildet hat. Es ist, als würde unser von den limbischen Regionen angestifteter Körper längst wissen, was unser Kopf noch umkreist.

Und doch: Das Zulassen dieses Wissens, das Aussprechen dieser inneren Wahrheit ist die eigentliche Hürde. Warum? Hier betreten wir das Reich des Selbstbildes, der eigenen Ideale und der sozialen Rollen. Unser Gehirn ist nicht nur ein Denkorgan, sondern vor allem auch ein soziales Organ. Der Mensch ist tief verwoben in ein Netz aus Erwartungen – die anderer wie die eigenen. Diese inneren Skripte, internalisierte Vorstellungen davon, wie das Leben zu verlaufen hat, sind tief im präfrontalen, insbesondere dem medialen und orbitofrontalen Kortex verankert. Eine Abweichung davon geht mit Unsicherheit einher und bildet in gewisser Weise auch einen Identitätsbruch.

Der Schritt, etwas auszusprechen, sei es: „Ich bin nicht glücklich" oder: „Das ist nicht mein Weg", fordert mehr als Mut. Er erfordert eine neuronale Reorganisation, ein Umschreiben innerer Landkarten. Und da kommt ein weiterer Spieler aufs Feld, die berühmte kognitive Dissonanz. Sie beschreibt das Spannungsfeld zwischen dem, was wir fühlen, z. B. Zweifel, und dem, was wir glauben fühlen zu dürfen, z. B. Dankbarkeit, weil doch eigentlich alles passt. Um diese Dissonanz, diesen gedanklichen Missklang zu reduzieren, verbiegen wir häufig die innere Wahrheit und wehren den Gedanken ab, obwohl er längst an die Tür klopft.

Aber hier liegt auch die gute Nachricht. Wenn der Gedanke einmal Form annimmt, wenn er in Sprache gegossen wird, ist der Weg in die Transformation bereits angebahnt.

Die Psychologie weiß, was benannt wird, kann erfasst und somit auch verändert werden. Der Weg von der Intuition zur bewussten Entscheidung ist selten ein Sprung, sondern eher ein Prozess. Ein Prozess der Integration. Und wie jedes neuronale Umlernen braucht auch dieser Weg Aufrichtigkeit, Geduld, Selbstmitgefühl und Wiederholung.

In diesem Sinne: Es ist nicht der Zweifel, der uns schwächt, es ist das Verstummen unseres inneren Wissens. Und manchmal beginnt ein neues Leben mit einem einzigen Satz, gesprochen in leiser Klarheit.

DER VOLKSMUND SAGT: „Wenn sich eine Tür schließt, öffnet sich eine andere." Die Psychologie präzisiert: Die geschlossene Tür bleibt oft lange im Blick, während die offene im Rücken liegt. Warum fällt das Loslassen so schwer? Weil das Gehirn – besonders das limbische System, in dem emotionale Bewertungen, Bindungen und Gewohnheiten gespeichert sind – Stabilität liebt. Jeder Mensch baut über die Zeit ein neuronales Netzwerk von Verknüpfungen auf, die sich um bestimmte Personen, Orte, Tätigkeiten und Selbstbilder ranken. Diese Muster sind wie eingelaufene Pfade im Wald: vertraut, bequem, energetisch effizient. Veränderungen hingegen – vor allem existenzielle – bedeuten neuronale Umbaumaßnahmen, verbunden mit Unsicherheit und energetischem Aufwand.

Das Gehirn besitzt jedoch eine erstaunliche Fähigkeit, die wir neuronale Plastizität nennen. Es kann sich reorganisieren, neu verschalten, neue Wege bilden. Das ist mitnichten ein einfaches Unterfangen und auch gewiss nicht unbegrenzt möglich – doch ist es möglich. Hier kommen wir zu einer der größten psychologischen Herausforderungen, dem Übergangszustand, jenem Raum zwischen dem „Nicht-mehr“ und dem „Noch-nicht“.

In der Psychologie spricht man von Schwellenzeiten, in der Systemtheorie von Phasenübergängen, in denen das Alte sich auflöst, das Neue aber noch keine Form gefunden hat. Diese Phasen sind unbequem, mitunter schmerzhaft, aber auch schöpferisch. Sie sind der Ursprungsraum jeder echten Entwicklung. Viele Menschen versuchen, diese Phase möglichst schnell zu überspringen, indem sie gleich das Nächste suchen – den nächsten Job, den nächsten Partner, das nächste Projekt. Doch gerade in der Leerstelle liegt das größte Potenzial. Das Neue kann sich hier organisch zeigen, geboren aus innerer Wahrheit.

Das Selbst organisiert sich in dieser Phase neu. Es wirken die Prinzipien komplexer Systeme. Wenn ein altes Ordnungsmuster instabil wird, entstehen in der Psyche wie auch in den Nervennetzen anwachsende Fluktuationen, ausgeprägtere Ausschläge im System.[91] Unter bestimmten inneren und äußeren Bedingungen kann sich daraus ein neues Aktivierungsmuster herausbilden, das über punktuelle Veränderung hinausgehend den Weg zu einer neuen, vielleicht gar höher geordneten Struktur ebnet. So wie sich aus der ungeordneten Bewegung von Wasserdampf durch einen Phasenübergang eine Schneeflocke formt. Ein komplexes symmetrisches Gebilde, das ganz ohne äußeren Plan entsteht. Das ist der stille Zauber der Selbstorganisation. Aus molekularer Turbulenz erwächst Ordnung. Jede Schneeflocke ist ein Manifest dieser emergenten Prinzipien. Das Wirken der Gesetze im Stoff, das keines Architekten bedarf.[92]

Übertragen auf das Gehirn heißt das: Auch unsere geistige Verfasstheit ist dynamisch und plastisch. Damit sich im

Denken, Fühlen oder Verhalten neue Ordnungen ausbilden können, bedarf es passender Bedingungen. Sind diese gegeben, können Phasenübergänge im neuronalen Raum gelingen – Übergänge von Verwirrung zu Klarheit, von Starrheit zu Entwicklung, von Fragment zu Gestalt. Die wohl radikalste Bewegung in diesem Prozess ist die Anbindung an die Emotionalität. Sie entfaltet sich als feines Orientierungssystem und ist so weit mehr als bloße Sentimentalität. Gefühle, d. h. zu Bewusstsein gelangte Emotionen, sind komplexe Bewertungsreaktionen, die uns anzeigen, ob wir in Übereinstimmung mit unseren Bedürfnissen und Werten leben. Dabei geht jede Emotion mit einer spezifischen Tendenz zum Handeln einher, einer Art innerem Ruf zur Tat.

In der therapeutischen Praxis spricht man davon, dass Menschen nicht ihre Wahrheit, sondern vielmehr den Zugang zu ihr verlieren. Der Weg zurück verläuft zweigleisig, über das reflektierte Nachdenken und das unmittelbare Fühlen. Beide Wege verlangen Wahrhaftigkeit. Fragen können dabei wie innere Wegweiser wirken. Was macht mich lebendig? Was zieht mich an, im Außen wie auch in der Tiefe meines Inneren? Wo spüre ich Weite, wo Enge? An dieser Stelle tritt der Körper als präziser Kompass in Erscheinung. Er markiert die Grenze zwischen dem, was uns eng macht, und dem, was uns öffnet. Schon die einfache Frage „Was fühlt sich weit an?" kann den ersten Strich für die Skizze eines neuen Lebensentwurfs bedeuten.

Bevor ein Gedanke geboren wird, bevor ein Wort Gestalt annimmt, spricht der Körper. Seine Sprache besteht aus Spannungen, aus Atemrhythmen, aus plötzlicher Müdigkeit, einer leichten Enge in der Brust oder jenen schwer erklärbaren Schmerzen, die wie stille Botschaften aus dem

Inneren aufsteigen. Es ist ein Wissen jenseits der Worte, ein leibliches Spüren, das als Ausdruck tiefer liegender limbischer Bewertungsprozesse verstanden werden kann.

Die im Gefolge emotionaler Aktivierungen vom Gehirn zum Körper hinab- und vom Körper wieder hinaufsteigenden Leitungsbahnen zeigen sich tief verwoben mit den Zentren im limbischen System.[93] Überschreiten diese aus der Körperlichkeit emporsteigenden Impulse die Bewusstseinsschwelle, können sie zu einer feinen Ahnung werden, zu einem leisen Gefühl, dass etwas aus dem Gleichgewicht geraten ist. Solche Empfindungen entziehen sich oft der präzisen Benennung und wirken gerade deshalb umso unmittelbarer über das Empfinden. Der Körper wird so zum Frühwarnsystem der Seele. Ein schemenhaftes, schwer greifbares Selbst scheint auf, bevor ein explizites, sprachlich benennbares Selbst Raum greift. Dieses implizite Selbst weiß um unsere inneren Wahrheiten, es trägt unsere Biografie in neuronalen Strukturen, deren Ausläufer bis in die Körperzellen und Muskeln ragen.

Ein Beispiel: Stellen Sie sich vor, Sie betreten einen Raum, in dem Sie nichts Konkretes wahrnehmen können, aber etwas in Ihnen zieht sich zusammen. Keine Gedanken, keine Sprache und doch eine tiefe, körperliche Ahnung: Hier bin ich nicht richtig. Diese Stimmigkeit oder besser der Bruch darin, ist das Resultat eines hochkomplexen, unbewussten Abgleichs zwischen aktuellem Erleben und Ihren inneren Mustern, Bedürfnissen, Erwartungen.

Wenn diese Stimmigkeit reißt, wenn etwas, das einst passte, nun nicht mehr passt, beginnt ein Prozess der inneren Inkonsistenz. Und dieser Bruch ist selten ein plötzlicher Donnerschlag. Viel eher ein leises Beben, das sich allmählich durch die Schichten unseres Seins zieht. Das Tragische: Wir spüren diesen Bruch, aber wir lernen früh, ihn zu ignorieren. Wir rationalisieren, bagatellisieren, funktionalisieren, weil das bewusste Erkennen auch bedeutet, etwas verändern zu müssen.

Doch unsere unbewussten, zum Teil bewussten oder vom klaren Bewusstsein abgeschirmten Prozesse sind geduldig und zugleich unnachgiebig. Sie senden ihre Botschaften durch wiederkehrende Träume, schlaflose Nächte, somatische Beschwerden, eine anhaltende innere Unruhe oder Schwäche. Es ist, als würde etwas in uns sagen: Schau hin. Höre hin. Fühle hin. Das Zulassen dieses Spürens erfordert die Kraft zur Aufrichtigkeit, denn es konfrontiert uns mit der Notwendigkeit zur Veränderung. Carl Gustav Jung sprach davon, dass das, was wir verdrängen, im Schatten weiterlebt und irgendwann als Schicksal erscheint.[94] Der Bruch der Stimmigkeit ist also kein Scheitern, sondern ein Ruf. Ein Aufbruchssignal. Eine Einladung, das Abenteuer der Authentizität zu wagen, statt mit dem schmerzhaften Leben in der Sicherheit des Alten zu verharren.

Wenn wir spüren, dass etwas nicht mehr stimmt, auch wenn wir es noch nicht in Worte fassen können, dann ist das keine Schwäche. Es ist das Erwachen eines tieferen Wissens in uns, das uns erinnern will: Du bist nicht hier, um zu funktionieren. Du bist hier, um zu leben.

Wahrnehmung. Wie kommt die Welt in den Kopf?

*Wir sehen nicht, was ist –
wir sehen, was für uns
Bedeutung hat.*

UNSERE WAHRNEHMUNG scheint uns eine verlässliche Brücke zur Realität zu bieten. Das, was wir sehen, hören, fühlen, schmecken, riechen, nehmen wir als gegeben hin, als unmittelbare Reflexion einer äußeren Welt, die unabhängig von uns existiert. Doch das ist ein Trugschluss. Die Welt, die wir erleben, ist nicht die Welt, wie sie ist. Sie ist die Welt, die unser Gehirn für uns erschafft.

In jedem Moment unseres bewussten Daseins formt unser Gehirn eine innere Wirklichkeit, eine Rekonstruktion der äußeren Welt anhand sensorischer Daten. Doch diese Rekonstruktion ist weder eine neutrale Kopie noch ein exaktes Abbild der äußeren Realität. Vielmehr gleicht sie einem hypothetischen Modell, das unser Gehirn enorm schnell generiert. Und wie jedes Modell ist sie selektiv, lückenhaft und voller Annahmen, die über das tatsächlich Gegebene hinausgehen. Wahrnehmung ist keine passive Aufnahme, sie ist eine aktive Konstruktion.

Die Qualität dieser Konstruktion – gemeint ist ihre Passung mit der Außenwelt – wird von einem grundlegenden Prinzip der Biologie beeinflusst, das besagt: Geschwindigkeit schlägt Genauigkeit. Unser Gehirn erschafft die innere Wirklichkeit in einem atemberaubenden Tempo. Evolutionär betrachtet war dies von entscheidender Bedeutung, denn wer zu lange überlegte, ob das Rascheln im Gebüsch vom Wind oder einem lauernden Räuber herrührte, lief Gefahr, die Antwort nicht mehr zu erleben. Ob giftige Schlangen, stechende Insekten, lauernde Raubtiere oder feindselige Artgenossen, die Bedrohungen der Vergangenheit belohnten nicht das überlegte Abwägen, sondern das schnelle Handeln. Ein bösartiger Artgenosse führt selten philosophische Debatten über die Sinnhaftigkeit des Seins. Sein Fokus liegt woanders und unser Überleben hing davon ab, dass unserer es auch tat.

Diese evolutionäre Priorisierung der Geschwindigkeit hatte weitreichende Konsequenzen. Das, was unser Gehirn im Wahrnehmungsakt konstruiert, ist lückenhaft und zudem oft fehlerhaft. Die Welt, die wir erleben, ist eine Vermutung darüber, was in diesem Moment außerhalb und innerhalb unseres Körpers geschieht.

Dennoch erzeugt unser Gehirn die Illusion einer detailgetreuen, nahtlosen Wahrnehmung. Wir erleben die Welt als kohärent, als vollständig, als unmittelbar gegeben. Doch diese Illusion darf nicht darüber hinwegtäuschen, dass Wahrnehmung eine hochselektive, energetisch optimierte Leistung ist. Unser Gehirn nutzt gespeicherte Erfahrungen und Gedächtnisinhalte, um Sinnesreize blitzschnell zu interpretieren. Und dies weniger mit dem Ziel, die objektive Wahrheit zu enthüllen, als schlichtweg handlungsfähig zu bleiben.

LANGE ZEIT wurde das Gehirn mit einem Computer verglichen. Eine Maschine, die Sinnesreize aufnimmt, verarbeitet und einen Output in Form einer Wahrnehmung erzeugt. Doch dieses Bild ist überholt. Für die moderne Neurowissenschaft ist das Gehirn weit mehr als ein Datenverarbeiter. Es ist vor allem ein Interferenzorgan.[95] Ein System, das nicht einfach Informationen entgegennimmt, sondern aktiv – die Sinnesreize interpretierend – Schlussfolgerungen über die möglichen Ursachen dieser Reize und somit über die Welt zieht.

Dieses aktuelle Paradigma der Hirnforschung ist als „Predictive Coding“ bekannt geworden.[96] Es beschreibt das Gehirn als einen Prognose- oder Hypothesengenerator, der in jedem Moment Vorhersagen über die Welt macht und diese mit den tatsächlichen Sinnesdaten abgleicht. Dabei stehen zwei Informationsströme in einem ständigen Dialog: Vorhersagen, die auf bereits bestehenden Modellen basieren (Top-down-Prozesse) und Sinnesreize, die aus der Umwelt und dem Körper stammen (Bottom-up-Prozesse). Wenn Vorhersage und Sinnesreize übereinstimmen, bleibt das Gehirn in seinem energiesparenden Modus. Es besteht keine Notwendigkeit, energetisch teure Aufmerksamkeits- und Bewusstseinsprozesse zu aktivieren. Weicht jedoch die Realität von der Erwartung ab, entsteht ein Vorhersagefehler (Prediction Error) und mit ihm das Gefühl von Überraschung. Kommt es gehäuft zu fehlender Übereinstimmung, entwickelt sich auch Unsicherheit.

Ein alltägliches Beispiel: Hören wir Musik, antizipiert unser Gehirn die nächsten Töne. Kommt eine unerwartete Note, springt unsere Aufmerksamkeit an. Ähnliches geschieht, wenn wir Menschen sprechen hören. Unser

Gehirn prognostiziert die kommenden Worte. Treffen sie nicht ein, irritiert uns das. Unser Gehirn reagiert also nicht primär auf das Bekannte und Erwartete. Es reagiert auf die Differenz. Der Vorhersagefehler macht entweder eine Neuinterpretation der Reize oder eine Korrektur des bestehenden Modells erforderlich. Letzteres ist evolutionär von besonderer Bedeutung.

Bei Vorhersagefehlern gibt es zwei Lösungswege. Im Sinne einer Modellanpassung überarbeitet das Gehirn seine Vorhersagen und bringt sie mit den neuen Reizen in eine größere Übereinstimmung. Es aktualisiert sein Weltmodell. Eine andere Strategie wendet sich den Reizen zu. Statt das Modell zu verändern, verändert das Gehirn die Wahrnehmung der Reize. Es kann etwa durch aktive Bewegung oder veränderte Aufmerksamkeit den Kontext so gestalten, dass die neuen Informationen doch noch ins bestehende Modell passen.

Doch was geschieht, wenn unsere Modelle sich auf Dauer nicht mit der Realität in Übereinstimmung bringen lassen? Das Streben nach Vorhersagbarkeit ist tief in uns verankert. Die Unsicherheit, die Vorhersagefehler mit sich bringen, ist evolutionär betrachtet eine Gefahr, denn sie signalisiert Unklarheit, Unwissen und somit ein potenzielles Risiko. Karl Friston, einer der führenden Neurowissenschaftler in diesem Feld, formulierte daraus das Free Energy Principle. Demnach sind lebende Organismen bestrebt, ihre „freie Energie" zu minimieren. Sie ist ein Maß für die Differenz zwischen ihren internen Erwartungen (bzw. Modellen) und den tatsächlichen sensorischen Rückmeldungen aus der Umwelt. Minimierung freier Energie bedeutet, dass Organismen danach streben, Überraschung oder Irritation

> ***Die Welt, die wir erleben, ist eine Vermutung darüber, was in diesem Moment außerhalb und innerhalb unseres Körpers geschieht.***

im Hinblick auf ihre Umweltreize zu reduzieren. Je weniger Überraschung und je besser die Antizipationsfähigkeit, desto geringer die Unsicherheit und stabiler der Zustand des Organismus.[97]

FÜR UNSERE GEHIRNFUNKTIONEN gilt allgemein, dass viele Prozesse ihren wahren Wert oft erst dann zeigen, wenn sie aus dem Takt geraten, wenn die Abweichung von der Norm ihre Funktion deutlicher macht als ihr reibungsloses Zusammenspiel. Besonders anschaulich wird das bei eben diesem Vorhersagesystem des Gehirns. Was geschieht, wenn diese zentrale Funktion der Wahrnehmungsverarbeitung aus dem Gleichgewicht gerät, lässt sich exemplarisch am Beispiel von Autismus und Schizophrenie zeigen. Im Falle des Autismus scheint der prädiktive Filter zu schwach eingestellt zu sein. Die Welt verliert ihre Vorhersagbarkeit, das Selbst wird vom Strom roher und ungehemmter Reize mitgerissen. Nichts ist selbstverständlich, nicht der Baum, nicht das Gesicht, nicht die Geste. Wo andere nur einen Baum sehen, als abstrahierte Kategorie im Vorübergehen, da bleibt das Auge an der Rinde hängen, an der Maserung, am Glitzern der Tautropfen. Die Welt zerfällt in Details. Und diese Detailfülle, so schön sie auch sein mag, wird zur

Zumutung, zur Überforderung, weil nichts gefiltert, nichts vorweggenommen wird. Alles ist immer wieder neu.

Das Vorhersagesystem unseres Gehirns kann aber auch in die andere Richtung außer Takt geraten. Bei der Schizophrenie ist der Filter zu stark, zu dominant, zu voreilig. Das Gehirn „weiß" zu viel. Es hat eine Vorstellung, bevor überhaupt etwas geschieht, und hält daran fest. Neue Eindrücke werden nicht als solche empfangen, sondern unmittelbar ins eigene Modell gezwängt, bis das, was von außen kommt, vom Innenleben nicht mehr unterscheidbar ist. Die Grenze zwischen Wahrnehmung und Vorstellung beginnt zu flackern. Wenn das Erwartete die Wirklichkeit überschreibt, können Halluzinationen entstehen. Nicht weil etwas da ist, sondern weil etwas da sein soll.

So unterschiedlich die Erscheinungsformen, so ähnlich der Ursprung: eine Dysbalance im Spiel von Erwartung und Welt. Die kontinuierliche Modellanpassung, dieses leise, lebenswichtige Nachjustieren unserer inneren Landkarten, ist bei beiden Störungsbildern aus dem Lot geraten.

DOCH AUCH JENSEITS diagnostizierbarer Phänomene gilt, dass die Kalibrierung zwischen Vorhersage und Reiz eine Kunst ist. Eine stille, nie ganz vollendete Bewegung. Denn wir alle leben in der Spannung zwischen dem, was wir erwarten und dem, was tatsächlich geschieht. Aus diesem Grund bedeutet ein Update der internen Modelle zum Teil auch eine Bedrohung für die eigene kognitive Stabilität. Man stelle sich das Gehirn wie ein Betriebssystem vor. Plötzlich erscheint ein nerviges Pop-up: „Ihr Modell scheint fehlerhaft zu sein. Möchten Sie ein Update durchführen?" Niemand, der sich gerade in einem intensiven

Arbeitsfluss befindet, klickt gerne auf „Update starten“, kommen diese Aufrufe doch häufig zu einem ungünstigen Zeitpunkt.

Beim Gehirn fällt das besonders schwer. Ein Update bedeutet nicht nur, eine fehlerhafte Vorstellung über die Welt zu korrigieren, es könnte überdies das eigene Selbstbild erschüttern. Und wer ist schon bereit, sich einzugestehen, dass sein Modell der Welt fehlerhaft ist? Viel einfacher und verlockender ist es, die einströmenden Informationen zu selektieren oder sie so zu interpretieren, dass sich das Welt- und Selbstbild bestätigt findet. Frei nach dem Motto „Die Realität ist falsch, nicht mein Modell!“

Mit anderen Worten: Je unerschütterlicher unsere Modelle, desto mehr bestimmen sie unsere Wahrnehmungen. Oder zugespitzt: Wo Überzeugung zur Doktrin erstarrt, hat die Realität das Nachsehen. Unser Gehirn ist äußerst kreativ, wenn es darum geht, die eigene Stabilität zu wahren. Wir sprechen oft von „Blasen“, in denen Menschen sich bewegen. Allerdings tun wir das alle, denn tatsächlich ist jeder von uns seine eigene Blase. Wenn uns also eine Information erreicht, die zu sehr mit unserem Modell kollidiert, geschieht vielfach etwas sehr Menschliches. Wir entwerten den Sender der unliebsamen Botschaft. Ein kreativer Medienmarkt bietet uns stetig neue Etiketten zur Entwertung Andersdenkender. Ist der Sender einer unangenehmen Botschaft erst einmal markiert, verliert jedes seiner Worte seinen Wert. Doch die Realität lässt sich nicht dauerhaft ignorieren. Je länger wir an überholten Modellen festhalten, desto häufiger treten Vorhersagefehler auf und desto schmerzhafter wird jener Moment, in dem diese Modelle unter der Last der Realität zusammenbrechen.

Unser Gehirn reagiert nicht primär auf das Bekannte und Erwartete. Es reagiert auf die Differenz.

Der große Science-Fiction-Autor Philip K. Dick sagte einmal: „Realität ist das, was bleibt, wenn du aufhörst, daran zu glauben." Und genau in diesem fragilen, oft unbequemen Moment der Unsicherheit beginnt echtes Lernen. Verborgen im Riss zwischen Erwartung und Reiz liegt auch eine große Chance, denn Wahrnehmung ist sowohl ein Fenster zur Außenwelt als auch ein Spiegel unseres Selbst. Was wir sehen, hören, spüren sind äußere Stimuli und zugleich innere Resonanzen. In jeder Wahrnehmung schwingt ein Teil von uns mit – unsere Erfahrungen, Annahmen, Erwartungen, unsere Ängste, unsere Hoffnungen.

Offenheit und Lernbereitschaft erweisen sich hier als vorteilhaft, Aufrichtigkeit als erstrebenswert. Einmal mehr begegnen wir ihr. Eine Haltung, die einfach erscheint und doch so schwer zu leben ist. Immanuel Kant sprach von intellektueller Redlichkeit und meinte damit das Bemühen, sich selbst gegenüber so aufrichtig wie nur möglich zu sein.[98] Gerade dann, wenn niemand zuhört. Keine Bühne, kein Applaus, nur das stille Ringen mit sich selbst. Eine anspruchsvolle Tugend, die viel Kraft erfordert und deshalb allzu oft an der menschlichen Natur scheitert.

Genau aus diesem Grund sollte das Ziel nicht darin bestehen, dieser Forderung stets vollständig zu genügen. Damit wären die meisten von uns vermutlich überfordert.

Entscheidend ist das Ansinnen, die bewusste Entscheidung, an diesem Ideal festzuhalten. Der aufrichtige Vorsatz, sich – so gut es eben geht – des eigenen Bemühens zu versichern. Denn schon im Versuch liegt Würde. Und vielleicht beginnt damit ein reiferes und zugleich gnädiges Verständnis von Selbsterkenntnis.

Zu berücksichtigen gilt es auch, und das macht das Unterfangen nicht einfacher, dass Wahrnehmung biologisch nicht primär der Wahrheitsfindung, sondern der Handlungsfähigkeit und damit dem Überleben dient. Doch der Mensch ist zu mehr fähig als nur zum reinen Überleben. Wir besitzen die Fähigkeit, unsere Wahrnehmungen zu hinterfragen, uns über uns selbst hinauszudenken. Wer diesen Weg wählt, muss Instabilitäten, auch Kränkungen aushalten, wird dann aber belohnt – mit einem klareren Blick auf die Welt und einer tieferen Verbindung zu sich selbst.

Motivationssysteme. Was steuert unser Sozialverhalten?

Im Innersten sind wir Beziehungswesen – biologisch organisiert, emotional verwoben.

DIE EVOLUTION DES GEHIRNS ist eine Geschichte zunehmender Komplexität. Das menschliche Gehirn stellt kein starres Gebilde dar, das, einmal entstanden, unverändert bleibt. Vielmehr entfaltet es sich als kunstvoll gewachsenes Gefüge, in dem sich differenzierte Steuerungsmechanismen herausgebildet haben. Es verkörpert das Erbe unzähliger Generationen, die vor uns aufbrachen, sich banden, sich befreiten und neue Wege suchten. Ihr Überleben beruhte sowohl auf körperlicher Geschicklichkeit als auch auf der Fähigkeit zur sozialen Verbindung. Wer sich mit anderen zusammenschloss, wer Allianzen formte und in Gemeinschaften lebte, vergrößerte seine Überlebenschancen.

Doch soziale Interaktion ist kein Selbstläufer. So haben sich in diesem Gefüge über Jahrmillionen Steuerungs- oder Regulationssysteme, man könnte auch sagen Kräfte, herausgebildet, die unser Sozialverhalten formen. Es war der große Psychologe Norbert Bischof, der diese Mechanismen in drei fundamentale soziale Motivationssysteme gegliedert hat. Das *Bindungssystem*, das uns zueinander führt, das *Erregungssystem*, das uns über die Schwelle des Bekannten hinauslockt, und das *Autonomiesystem*, das uns nach Eigenständigkeit streben lässt.[99] Sie bilden eine tief im Biologischen verankerte Grundlage unseres Sozialverhaltens, indem sie steuern, wann wir Nähe suchen, wann wir Neues erkunden und wann wir für unsere Unabhängigkeit kämpfen. Diese Systeme sind nicht isolierte Module, sondern arbeiten dynamisch zusammen, um unser Verhalten an die jeweilige Situation anzupassen.

Der Mensch kommt als extrem hilfsbedürftiges Lebewesen auf die Welt. Während z. B. ein Fohlen schon kurz nach der Geburt auf eigenen Beinen steht, dauert es viele Jahre, bis ein Kind sich eigenständig versorgen kann. Dieses biologische Defizit erfordert eine sichere emotionale Bindung zu Bezugspersonen – ein Mechanismus, der sich tief in unser Nervensystem eingegraben hat. Bindung ist ein eigenständiges, primäres Motiv. Es ist mehr als ein sentimentales Gefühl, es ist ein Überlebensvorteil, gar eine Überlebensnotwendigkeit. Wer Vertraute um sich hat, kann auf Fürsorge zählen. Wer von einer schützenden Gemeinschaft umgeben ist, hat bessere Chancen, Gefahren zu überstehen. Bindung reduziert Unsicherheit und schafft eine Grundlage für Exploration – denn nur wer sich sicher fühlt, wagt den Schritt ins Unbekannte.[100]

DAS BINDUNGSSYSTEM ist ein fein reguliertes Spiel zwischen Nähe und Distanz. Wer sich zu weit entfernt, spürt das Nachlassen des Sicherheitsempfindens. Eine Art psychophysiologische Warnlampe, die signalisiert: „Zeit, zurückzukehren".[101] Diese Balance zwischen Bindung und Exploration zeigt sich besonders im frühen Kindesalter: Ein Kleinkind entfernt sich neugierig von seiner Bezugsperson, schaut sich um, erkundet. Doch wenn die Distanz zu groß wird, setzt das Sicherheitsbedürfnis ein, und es kehrt zur schützenden Hand der Eltern zurück.[102]

Dieses Prinzip bleibt uns ein Leben lang erhalten. Auch als Erwachsene suchen wir Bindung, wenn wir uns bedroht oder überfordert fühlen. Wir ziehen uns in vertraute soziale Kreise zurück, wenn die Welt unberechenbar wird. Bindung bleibt die psychologische Basis, auf der sich unser gesamtes Sozialverhalten aufbaut.[103]

Doch Bindung allein genügt nicht. Ein Geschöpf, das sich nur an Bestehendem festhält, das niemals die schützende Höhle verlässt, das nie wagt, seinen Fuß über die vertraute Grenze zu setzen, bleibt gefangen in einer Welt, die nie wächst. Das *Erregungssystem* ist der Gegenpol zur Sicherheit – es drängt uns nach draußen, ins Ungewisse, dorthin, wo das Leben pulsiert. Anfangs ist das Fremde nur faszinierend. Ein neugieriger Blick, eine vorsichtige Annäherung, ein staunendes Erkunden. Die ersten Monate eines Säuglings sind geprägt von dieser Freude am Entdecken, bis ein bemerkenswerter Wandel einsetzt. Etwa ab dem achten Monat beginnt das Kind, Fremdes nicht nur als aufregend, sondern auch als potenziell bedrohlich wahrzunehmen. Der Reflex der Fremdenreaktion setzt ein. Ein Beweis dafür, dass die Evolution uns neben der Neugier auch Vorsicht mitgegeben hat. Es ist ein feines Gleichgewicht. Wer sich sicher fühlt, erlebt Erregung als Faszination. Wer sich unsicher fühlt, erlebt dieselbe Erregung als Bedrohung. Die psychologische Geschichte der Menschheit ist auch eine

Geschichte dieses Wechselspiels. In Zeiten der Sicherheit blüht das Neue, entstehen Kulturen, Innovationen, Ideen. In Zeiten der Angst kehren Menschen zu Altbewährtem zurück, halten fest an dem, was Stabilität verspricht.

Wenn Bindung uns hält und Erregung uns lockt, dann ist es das *Autonomiesystem*, das uns aufrichtet und wachsen lässt. Es ist der Antrieb, ein Teil der Welt zu sein, diese aber auch zu gestalten, zu dominieren und seinen Platz zu behaupten. Schon in den ersten Lebensjahren beginnt sich diese Kraft zu zeigen. Das Kind entdeckt sein eigenes „Ich", es sagt „Nein", es trotzt, es fordert. Später entfaltet sich dieses System in feinere Strukturen: das Machtstreben, die Geltungsmotivation, der Leistungswille.[104] Das Machtmotiv ist der ursprünglichste Trieb dieser Kategorie. Es geht um Einfluss und Durchsetzung, um die Kunst, die eigene Umgebung zu lenken und in ihrer stärksten Ausprägung sogar darum, sie zu dominieren. Die Geltungsmotivation dagegen zielt weniger auf Kontrolle als vielmehr auf Anerkennung und Wertschätzung. Der Mensch will mehr als nur herrschen, er will gesehen werden, er will zählen. Die Leistungsmotivation schließlich bringt das Ganze auf eine neue Ebene: Es ist die Lust daran, etwas zu schaffen, etwas zu vollenden, sich selbst zu übertreffen.[105]

Jede Gesellschaft ringt mit der Frage, wie diese Kraft kanalisiert wird. Sie kann große Dinge hervorbringen – und sie kann zerstören. Zu viel Machtstreben führt zu Unterdrückung. Zu viel Bedürfnis nach Anerkennung mündet in Selbstzweifel. Doch in Balance mit den anderen beiden Systemen wird aus Autonomie der Antrieb für Fortschritt, für Selbstverwirklichung, für ein Leben, das nicht nur verwaltet, sondern gestaltet wird.

DIESE DREI SYSTEME – Bindung, Erregung und Autonomie – sind ineinandergreifende Instanzen, die als fein ausbalanciertes Geflecht unser Sozialverhalten lenken. Sie sind wie drei Tänzer, die sich umeinander bewegen. Ohne Bindung fehlt die Sicherheit für Erkundung und Entwicklung. Ohne Erregung bleibt der Geist in der Enge des Gewohnten gefangen. Ohne Autonomie fehlt der Wille, das Erkannte zu formen und sich selbst zu behaupten.

Die Evolution hat uns mit diesen drei Kräften ausgestattet, weil das Leben nicht linear verläuft. Mal brauchen wir Schutz und Geborgenheit, mal Erregung und Abenteuer, mal Unabhängigkeit und Wehrhaftigkeit. Das Kunststück liegt darin, sie nicht als Gegensätze zu begreifen, sondern als dynamisches Zusammenspiel, das je nach Situation in eine neue Balance findet.

Vielleicht ist dies das wahre Geheimnis des sozialen Gehirns: Es hält uns nicht fest, es stößt uns nicht einfach ins Unbekannte, es drängt uns nicht nur zum Kampf – es lässt uns fließen zwischen diesen Polen. Und in diesem Fluss entfaltet sich das, was uns als Menschen ausmacht. Die Fähigkeit, Bindung zu suchen, Neues zu wagen und zugleich den Mut zu haben, unser eigenes Schicksal in die Hand zu nehmen.

Bedürfnis, Motivation, Emotion. Was treibt uns an?

Nicht der Wille bewegt uns zuerst, sondern das, was wir brauchen.

DER MENSCH IST EIN WESEN mit unzähligen Facetten, doch sein Verhalten folgt keiner willkürlichen Laune. In unserer biologischen und psychischen Architektur sind Mechanismen verankert, die unser Handeln steuern. Kräfte, die uns leiten, antreiben, aber auch begrenzen. Das vorangegangene Kapitel beschrieb die drei sozialen Motivationssysteme. Diese Systeme haben sich evolutionär entwickelt, um das Überleben in einer sozialen Umwelt zu ermöglichen. Bindung sorgt für Zusammenhalt, Erregung für Neugier, Autonomie für Durchsetzungskraft. Sie sind also auf überlebenswichtige soziale Funktionen ausgerichtet.

Das Bild wäre jedoch unvollständig, würde man den Menschen nur als ein Wesen betrachten, das auf soziale Anpassung optimiert ist. Der Mensch ist mehr als sein Sozialverhalten. Er ist ein psychologisches Wesen, das nach innerer Balance strebt. Hier setzt der Psychologe und Psychotherapieforscher Klaus Grawe an, der sich bei der Entwicklung seiner Konsistenztheorie auf bedeutende psychologische und neurobiologische Modelle stützt. Während die sozialen Motivationssysteme die Frage beantworten, warum wir uns sozial so verhalten, wie wir es tun, geht die Konsistenztheorie einen Schritt weiter und fragt: Welche psychischen Grundbedürfnisse müssen erfüllt sein, damit ein Mensch sich wohlfühlt und gesund entwickelt? Die Antwort lautet: Neben der sozialen Eingebundenheit gibt es weitere psychologische Grundbedürfnisse, die unser inneres Streben und zugleich unser inneres Gleichgewicht regulieren.

Forscher wie Seymour Epstein und in seinem Gefolge Klaus Grawe postulieren vier psychologische Grundbedürfnisse, die nicht nur unser Sozialverhalten steuern, sondern die bedeutsamsten unserer inneren Strebungen insgesamt abbilden.[106] Auch ihre Genese wird evolutionär begründet und ihre Befriedigung hat oberste Priorität: das Bedürfnis nach Bindung, d. h. der Wunsch und das Streben nach emotionaler Nähe, Schutz und Zugehörigkeit; das Bedürfnis nach Orientierung und Kontrolle, das dem Drang entspricht, die Umwelt zu verstehen und sie handhaben zu können; das Bedürfnis nach Lustgewinn bzw. Unlustvermeidung, somit das Streben nach positiven Erfahrungen und dem Vermeiden von Schmerz; schließlich das Bedürfnis nach Selbstwerterhöhung und Selbstwertschutz, was die Sehnsucht nach Autonomie, Anerkennung, Kompetenz und einem stabilen Selbstbild beinhaltet.

Wir erkennen die großen Überlappungen zu den Bischof'schen Motivationssystemen. Das ist insofern verständlich, als Bedürfnisse auch elementare Grundlage der sozialen Motivationssysteme sind. So dürfen wir davon ausgehen, dass Menschen universell und nicht zuletzt biologisch angelegt diese Grundbedürfnisse in sich tragen. Sie lassen sich demnach als evolutionär gewachsene und dem Organismus aufgegebene Strebungen verstehen, die dem Leben und Überleben dienen. Tief im Körper-Geist-Gefüge des Menschen verankert, dienen sie als fundamentale Orientierung, ohne der Willkür unterstellt zu sein.

Werden diese Bedürfnisse in ausreichendem Maße erfüllt, so entsteht ein inneres Gleichgewicht, eine gute psychische Verfasstheit, aus der heraus ein Mensch sich als lebensfähig und lebenszugewandt erlebt. Unter solchen Bedingungen ist es auch wahrscheinlicher, dass sich Menschen fortpflanzen – biologisch, aber auch im übertragenen Sinn durch Beziehungsfähigkeit, Weitergabe von Erfahrung und Sorge für andere.

Klaus Grawe erweitert unsere bisherige Perspektive um eine entscheidende Dimension: die innere Konsistenz. Denn so wie unser Sozialverhalten bestimmten Prinzipien folgt, strebt auch unser inneres Erleben eine stabile, widerspruchsfreie Struktur an.[107] Psychische Gesundheit bedeutet, dass unsere grundlegenden Bedürfnisse sich in einem dynamischen Gleichgewicht befinden. Das Konsistenzmodell zeigt, dass wir nicht nur soziale Wesen sind, sondern auch nach innerer Harmonie trachten.

Um zur Bedürfniserfüllung zu gelangen, bedarf es innerer Antriebssysteme: Strategien hin zur Befriedigung. Aktive Strategien zielen direkt darauf ab, Bedürfnisse zu befriedigen. Auf jemanden ganz bewusst zugehen, um Bindung zu erleben, einen neuen Job annehmen, um mehr Erfüllung zu finden. Doch genauso bedient der Mensch sich vermeidender Strategien, die darauf ausgerichtet sind, negative Erfahrungen, somit die Verletzung eines Bedürfnisses, zu verhindern. Jemand meidet Beziehungen aus Angst vor Zurückweisung oder lehnt eine Tätigkeit ab, um nicht an den antizipierten Herausforderungen zu scheitern. Einmal wird eine erfüllende Erfahrung angestrebt, im anderen Fall soll eine verletzende Erfahrung verhindert werden.[108]

Die verschiedenen Strategien – die Psychologie spricht von motivationalen Schemata – bildet jeder Mensch im Laufe seiner individuellen Entwicklung in unterschiedlichem Maße aus, d. h. anders als bei den vier Grundbedürfnissen sind die Mittel und Wege, die zur Bedürfnisbefriedigung eingesetzt werden, individuell. Je nach Summe aller gemachten Erfahrungen und Erlebnisse können die einzelnen motivationalen Antriebe unterschiedlich stark ausgeprägt sein. Das wiederum bedeutet, dass motivationale Antriebe und Strebungen auch miteinander konkurrieren können, ebenso wie die eigentlichen Grundbedürfnisse. Psychische Konflikte entstehen häufig auf Basis einer chronischen Frustration der Grundbedürfnisse oder wenn Antriebe bzw. Bedürfnisse miteinander zu sehr in Konflikt stehen. Doch geht es am Ende nicht nur um die Befriedigung einzelner Bedürfnisse, sondern um etwas Übergeordnetes: das Streben nach innerer Kohärenz.

DER MENSCH möchte sich als stimmig, widerspruchsfrei und eben in sich kohärent bzw. konsistent erleben. Konsistenz bedeutet, dass das, was wir erleben, mit unseren inneren Wünschen, Zielen und Erwartungen übereinstimmt. Diese psychische Stabilität ist nicht gleichbedeutend mit dem gänzlichen Fehlen von Konflikten. Vielmehr wird sie getragen von der Fähigkeit, Spannungen auszubalancieren, denn das Leben ist ein ständiges Neujustieren zwischen Bedürfnissen, Erfahrungen und erlernten Mustern. Wer versteht, wie diese Mechanismen wirken, kann gezielt daran arbeiten, sich aus blockierenden Mustern zu befreien, hin zu mehr Stimmigkeit mit sich selbst, zu mehr Wohlbefinden und zu mehr innerer Freiheit. Ein Prozess, der wohl niemals ganz endet.

Dabei kann die je individuelle Ausprägung der einzelnen Strebungen, die jeweilige Kombination, als ein persönlicher Fingerabdruck der Psyche angesehen werden. Sie ist wie ein innerer Kompass, der uns lenkt und einzigartig macht. Wenn unsere Bedürfnisse eine – zumindest basale – Erfüllung finden, führt dies zu innerer Balance. Und sie ist hier zentral. Es gibt keinen immerwährenden stabilen Dauerharmoniezustand. Es ist ein stetig neues Austarieren und Ausbalancieren.

Diese Bedürfnisse und die aus ihnen sich speisenden Emotionen geben den Dingen der Welt einen Wert. Ohne sie gäbe es keine sicheren Häfen, keine Zuneigung, keine Orientierung, keine Abenteuer und keine Siege. Zugleich erwachsen Herausforderungen, wenn ein Bedürfnis keine Erfüllung findet. Schmerzhafte Emotionen werden aktiviert, um darauf hinzuweisen. Es droht aber auch ein Konflikt, wenn sich ein Bedürfnis, eine Strebung völlig enthemmt zeigt. Dann droht statt Nähe Depression, statt Kontrolle Zwang, statt Lust Sucht und statt Autonomie Machtgier oder Narzissmus. Die Physiologie sucht nach Balance, nicht nach Enthemmung. Der Psychologe Dirk W. Eilert hat, die Konzepte von Bischof, Epstein und Grawe aufgreifend, den Aspekt der Balancierung in Gestalt eines „Motivkompasses“ veranschaulicht.[109]

Emotionen sind die Werkzeuge, mit denen das Gehirn uns in Bewegung setzt. Sie sind zentrale Mechanismen der Aktivierung und Entscheidungsfindung.

Doch wie genau erfüllen Emotionen in diesem Reigen der Bedürfnisse ihre Aufgabe? Um dieser Frage näherzukommen, lohnt sich ein Blick auf ein grundlegendes Prinzip: Die Informationsverarbeitung im Gehirn verläuft nicht neutral. Sowohl äußere Eindrücke aus der Umwelt als auch innere Signale aus dem Körper werden mit Bedeutung versehen. Das Gehirn agiert dabei weniger wie ein nüchterner Datenspeicher und mehr wie ein aktiver Deuter der Welt. Es verleiht allem, was wir erleben, einen Platz im Bedeutungsgefüge. Diese Einordnung ist entscheidend, denn sie ermöglicht Orientierung im Strom der Reize – sind es doch etwa 11 Millionen Bits pro Sekunde, die fortlaufend auf uns einwirken. Nur durch Bewertung entsteht die Grundlage für zielgerichtetes Handeln.

Das Gehirn fragt dabei: Welchen Wert, welche Bedeutung hat das Ereignis, hat die Information im Hinblick auf die Sicherung des Überlebens und auf die Sicherung der inneren Stabilität? Was gilt es zu tun, um handlungsfähig zu bleiben? Das sind – rein physiologisch betrachtet – die obersten Ziele, die unser Organismus verfolgt. Emotionen sind die Werkzeuge, mit denen das Gehirn uns, der erfolgten Bewertung entsprechend, in Bewegung setzt. Sie sind also mehr als nur Begleiterscheinungen unseres Denkens, sie sind zentrale Mechanismen der Aktivierung und Entscheidungsfindung.

WAS DIE ANATOMISCHE Beheimatung der an den beschriebenen Aktivitäten beteiligten Regionen betrifft, sollten wir bedenken, dass die Einteilung des Gehirns in getrennte Bereiche für „Denken“ (kognitiv) und „Fühlen“ (emotional) eine Vereinfachung darstellt. Moderne Neurowissenschaften zeigen, dass Kognition und Emotion untrennbar miteinander verflochten sind, genauso die Gehirnstrukturen, die sie hervorbringen. Dennoch ist der Begriff „limbisch“, der uns schon beim Gehirnaufbau begegnet ist, didaktisch wertvoll, denn er verweist auf jene Gehirnareale, die besonders intensiv mit der Bewertung von Ereignissen und der Steuerung emotionaler Reaktionen befasst sind.

Auch der Begriff der Bewertung darf großzügig ausgelegt werden, da es viele sich qualitativ stark unterscheidende Formen von Bewertung gibt. Das beginnt auf der unteren limbischen Ebene im Hirnstamm mit der Bewertung und Einordnung der Körperfunktionen, z. B. der Regulation der Atem-, Herz- und Kreislauffunktion. Es geht weiter mit dem Zwischenhirn, wo der Hypothalamus dafür sorgt, dass homöostatische Triebe und Affekte wie Hunger, Durst und Schlaf Verhaltensweisen aktivieren, die die körperliche Unversehrtheit gewährleisten. Die Bewertung von eingehenden Reizen in der Amygdala, d. h. in der mittleren limbischen Ebene, ermöglicht schnelle Reaktionen auf potenzielle Gefahren. Und schließlich kann der Bewertungsprozess in den limbischen Anteilen der Großhirnrinde – also in der oberen limbischen Ebene, wo ein bewusstes Gefühlserleben erzeugt wird – bedeuten, dass tief verwurzelte Glaubenssätze hinterfragt und Handlungen abgewogen werden. Aus den Bewertungen der sehr unterschiedlichen limbischen Zentren und der jeweiligen „Ebene“ erwachsen auch stark voneinander abweichende Aktivierungsmuster. Vereinfacht gesprochen: Programme, die der Regelung von Körperfunktionen dienen, Programme, die zur raschen und systematischen Aktivierung von effizienten Handlungsstrategien führen, Programme, die den Menschen als Antriebskräfte hin zu bestimmten Verhaltensweisen führen, und nicht zuletzt Programme, die den kognitiven Zentren mitteilen, welche Herausforderung aktuell besteht.

Diese Aktivierungsmuster oder Programme nennen wir, wenn sie sich als psychische Kräfte manifestieren, „Emotionen“. Emotionen sind demnach keine bloßen Begleiterscheinungen unseres Denkens, sondern die eigentliche Grundlage unserer Entscheidungsfähigkeit und unserer Handlungsbereitschaft. Sie sind Mechanismen, die dem Menschen helfen, im Strom der unendlich vielen Reize und Informationen halbwegs sicher zu navigieren; Prioritäten zu setzen, zu selektieren und die Aufmerksamkeit dorthin zu lenken, wo es interessant und bedeutsam ist. Anders ausgedrückt: Sie sind Reaktionen, die das Auftreten von bestimmten Verhaltensweisen begünstigen. Hervorgerufen werden diese Reaktionen durch externe oder interne Reize. Emotionen werden vom Gehirn organisiert und können recht komplexe Ausmaße annehmen. Als „psychische Kraft“ setzen sie sich aus einer subjektiv erlebbaren (Gefühlsempfinden), einer vegetativen (Erregung oder Beruhigung), einer neurohormonellen (z. B. ein Kortisolanstieg) sowie einer motorischen (Gesichts- und Körperausdruck) Wirkebene zusammen.[110]

Wir sehen, dass eine limbisch-emotionale Aktivierung sehr stark auf die körperliche Sphäre einwirkt. Diese körperlichen Verschiebungen in Atmung, Herzfunktion, Blutdruck etc. werden wiederum dem Gehirn zurückgemeldet. Hier treffen wir erneut auf die somatischen Marker, von denen der Hirnforscher Antonio Damasio spricht.[111]

Die Empfangszentrale für diese aus dem Körperinneren aufsteigenden – deshalb „interozeptiv" genannten – Signale ist die Insula. Diese Rückmeldung dient dann als Grundlage zum Aufbau eines bewussten Gefühlserlebens. Um ein solches hervorzubringen, setzt sich die Insula mit zahlreichen anderen Hirnarealen ins Benehmen. Und nur wenn das Zusammenführen von Reiz, Vorerfahrung, Bewertung, Aktivierung und Körperlichkeit zu einer Emotion auch bewusst erlebt wird, sprechen wir von einem Gefühl.

„Emotionen" stellt somit den Überbegriff dar. Gefühle beschreiben dagegen nur die bewusst und stark von Körperlichkeit getragene Erlebnisvariante. Die Gefühle wiederum tragen typischerweise eine Tendenz in sich, die sich zwischen den Polen „angenehm / unangenehm" (also eher eine Annäherungstendenz bzw. eine Vermeidungstendenz) und „erregend / beruhigend" bewegt.[112] Natürlich mit all den Facetten und Schattierungen, die zwischen diesen recht rohen Eckpunkten liegen.

ES IST EIN herausforderndes Unterfangen, Phänomene in Sprache zu fassen, die uns innerlich zutiefst vertraut sind und sich zugleich der klaren wissenschaftlichen Vermessung entziehen. Was wir erleben, ist oft reicher als das, was wir sagen können. Die Sprache ringt hier mit einem Stoff, der ihr vorausgeht: der fühlenden Erfahrung. In diesem Spannungsfeld zwischen Vertrautheit und Unfassbarkeit Worte zu finden, die sowohl verständlich sind als auch der Tiefe des Gegenstandes gerecht werden, ist ein anspruchsvoller Balanceakt.

So wollen wir den Bogen noch einmal zu den Grundbedürfnissen spannen, wo unsere Reise zu den Emotionen ihren Ausgang nahm. Emotionen sind – wie wir entdecken durften – weit mehr als nur bunte Schattierungen unseres Erlebens. Vielmehr dienen sie als indikatives Signal für den Grad der Stimmigkeit oder Unstimmigkeit bzw. Konsistenz oder Inkonsistenz im psychischen System. Sie zeigen an, ob unsere motivationalen Ziele erreicht werden oder ob es Widersprüche zwischen unseren Grundbedürfnissen und der Realität gibt. Positive Emotionen stellen sich ein, wenn eine hohe Konsistenz gegeben ist, d. h. wenn unsere Bedürfnisse und unsere motivationalen Antriebe harmonieren und mit unseren Erfahrungen übereinstimmen. Sie signalisieren: „Alles läuft nach Plan, du bist auf dem richtigen Weg!“

Belastende Emotionen entstehen, wenn Inkonsistenz herrscht, d. h. wenn ein oder mehrere Grundbedürfnisse nicht befriedigt oder regelrecht verletzt werden. Natürlich führt auch ein Konflikt zwischen motivationalen Strebungen zu einem Gefühl innerer Spannung und Belastung.[113] Dieser Zustand gleicht einem Orchester, in dem verschiedene Stimmen gleichzeitig erklingen. Jeder Ton für sich mag korrekt sein, doch es fehlt die übergeordnete Harmonie, die sie zu einer stimmigen Melodie verbindet. Ich sehne mich nach Sicherheit und Ordnung, verspüre aber zugleich das starke Verlangen, ein riskantes, da unsicheres Jobangebot anzunehmen. Der schützende Rahmen einer Beziehung schenkt mir Halt und Kraft, zugleich ist da eine Sehnsucht nach mehr Autonomie und Freiheit.

Bestimmen Dissonanzen, Misstöne und Ambivalenzen das innere Erleben, zeigen Emotionen an, dass eine Veränderung nötig ist, um das psychische Gleichgewicht wiederherzustellen. Sie geben den Dingen einen Wert und informieren den kognitiven Apparat, worauf der Organismus sich einzustellen hat und was somit einer Bearbeitung zugeführt werden sollte. Jedes der vier psychologischen Grundbedürfnisse ist mit entsprechenden emotionalen Zuständen verknüpft. Bei der Hervorbringung dieser Erlebniszustände steht dem Gehirn eine basale genetisch-biologische Ausstattung an Schaltkreisen zur Verfügung. Diese werden im Laufe des Lebens durch erfahrungsbasierte Dimensionen erweitert und können kontextabhängig zu komplexeren Konstruktionen emotionaler Zustände führen. Grundlage dieser Konstruktionsakte sind die Erfahrungswerte, die jeder Mensch in der je individuellen Interaktion mit seiner Umwelt nach und nach ausformt.[114]

Ein erfülltes *Nähe- und Bindungsbedürfnis* lässt uns auf diese Weise Sicherheit, Geborgenheit, Vertrauen, Zugehörigkeit und wichtige Facetten der Liebe empfinden. Einsamkeit, Verlustschmerz und Trauer verweisen auf eine Verletzung oder Nichterfüllung dieser elementaren Kraft. Zum Sicherheitsempfinden gehört es auch, dem Chaos nicht anheim zu fallen. Das Bedürfnis nach *Ordnung und Kontrolle* des Lebens wirkt diesem Chaos entgegen. Es entstresst, schenkt uns Orientierung und abermals Sicherheit. Sind Orientierung und Kontrolle gewährleistet, kann sich das Empfinden von Ruhe und Zutrauen einstellen. Droht Kontrollverlust, machen sich Unsicherheit, Hilflosigkeit, Angst oder gar Panik breit.

Wir sehen, dass sowohl der Wunsch nach Bindung als auch nach Kontrolle dem so bedeutsamen Faktor Sicherheit Tribut zollen. Doch gleichzeitig kann zu viel Sicherheit auch langweilen. Dem wirkt alles uns *Erregende* entgegen. Dahinter verbirgt sich das Bedürfnis, lustvolle Erfahrungen zu machen und unangenehme, schmerzhafte zu vermeiden. Es ist das Streben, das uns die Welt entdecken lässt, das das Fremde reizvoll macht, das für das Lernen begeistert und Kreativität gebiert. Es bewirkt, dass alles Neue und Überraschende uns aktiviert und Kinder jede Steckdose mit einem Bleistift erforschen müssen. In diesem Feld der Lust erleben wir – so es zur Erfüllung kommt – Freude, Begeisterung, Ekstase, Inspiration und Genuss. Kann Unlust aber nicht vermieden werden, so stellen sich Langeweile, Frustration und seelischer Schmerz ein.

Insbesondere mit Langeweile vermag der moderne Mensch nur schwer umzugehen. Gibt es Abhilfe? Natürlich. Die Zahl der in Polizeiarchiven lagernden, d. h. bereits identifizierten chemischen Substanzen, die das Gehirn beflügeln oder benebeln, liegt aktuell bei über 1100, Tendenz steigend. Aber auch Social-Media-Algorithmen werden gerne genommen, um das Erregungssystem hochtourig zu stimulieren. Das Risiko: Überreizung und Sucht.

Erreichen im letzten Bedürfnisfeld *Autonomiebestreben und Selbstwert* einen angemessenen Pegel, machen sich Selbstbewusstsein, Anerkennung und Stolz bemerkbar. Für uns Menschen, die wir unseren Wert auch von der Umwelt abhängig machen, sind Vergleiche unumgänglich. So können wir einschätzen, wo wir im sozialen Gefüge stehen. Es gilt somit, Einfluss auszuüben und sich sozial behaupten zu können. Es ist ein Machtstreben, das dem Menschen innewohnt und ein Bestreben, die Dinge selbst in die Hand zu nehmen. Bei Verletzung dieses Bedürfnisfeldes empfinden wir Scham, Minderwertigkeitsgefühle, Ärger oder auch Wut.

Alles Gesagte macht deutlich, dass Emotionen keine zufälligen oder willkürlichen Reaktionen, sondern essenzielle Steuerungsmechanismen unseres psychischen Antriebes und unseres psychischen Gleichgewichts sind. Sie zeigen uns, wo wir stehen und ob es an der Zeit ist, eine neue Richtung einzuschlagen.

UNS MENSCHEN ist das Streben nach Erfüllung der beschriebenen Grundbedürfnisse eingegeben. Doch handelt es sich bei der Bedürfniserfüllung immer nur um ein punktuelles Geschehen. Kein Bedürfnis kann auf Dauer auf gleich hohem Niveau gestillt sein, keine Euphorie kann zum Normalzustand werden. Selbst ein immer mehr des Guten ist mitnichten eine Glücksgarantie. „Auch das größte Glück stirbt am Ende an sich selbst", soll schon Sigmund Freud festgestellt haben. Und ja, das tut es. Denn unser Belohnungssystem, das Dopamin als Antriebsmittel nutzt und mit körpereigenen Opiaten euphorisches Wohlbehagen schenkt, kennt keinen Dauerbetrieb. Dieser wäre ein energetisches Desaster, das sich kein biologisches System leisten kann. Stellen Sie sich den exzessiven Zustand des Frischverliebt-Seins vor. Innige Verschmelzung ist wahrlich ein himmlischer Zustand, doch im Dauermodus würden wir irgendwann im Bett verhungern. Daher gilt bei jeder Form von Glück: Unser Belohnungssystem passt sich an. Die nach oben ausschlagende Glückskurve flacht zwangsläufig eher früher als später ab. Was gestern noch ein euphorischer Rausch war, ist heute ok.

Aber da ist noch etwas. Zwei Aspekte, die wie ein gut geöltes Getriebe der Unzufriedenheit wirken. Einmal wird die positive Erfahrung, die wir machen, zur positiven Erwartung. Unser Gehirn ist ein – Sie erinnern sich – Vorhersagegenerator. Sobald etwas über geraume Zeit gut läuft, wird es zur Benchmark, zum neuen Maßstab. Das Angenehme wird zum Erwarteten, das Erwartete wird zur Forderung. Und je höher unsere Erwartungen und Forderungen steigen, desto schwieriger wird es für das Leben, diesen gerecht zu werden.

Während unsere Vorfahren vielfach ums Überleben rangen, kämpfen wir heute um einen Job, um Anerkennung und das bedeutet häufig genug um Klicks, Likes und das perfekte Foto für Instagram. Ein Fortschritt? Natürlich! Ein Dilemma? Durchaus! Doch wäre es verkürzt zu behaupten, dass alle gleichermaßen gut bedient wären von dieser historisch beispiellosen Lebensqualität. Diese Zeilen möchten keineswegs negieren, dass es auch in unserer Gesellschaft Menschen gibt, die hart zu kämpfen haben.

Dennoch gilt, je besser unsere Lebensumstände, desto sensibler werden wir für Defizite. Es ist, als hätten wir ein Brennglas für das Unvollkommene. Je besser es uns geht, desto deutlicher treten die kleinen Risse im perfekten Bild hervor. Die kleinsten Unzulänglichkeiten wachsen zu monumentalen Problemen heran. Das Tragische dabei? Objektiv hat sich nichts verschlechtert, subjektiv ist die Welt kurz vor dem Kollaps.

Und nun? Was tun, wenn das Belohnungssystem die Euphorie dimmt, die Erwartungen uns austricksen und die

Je besser unsere Lebensumstände, desto sensibler werden wir für Defizite. Es ist, als hätten wir ein Brennglas für das Unvollkommene.

Defizite im Scheinwerferlicht stehen? Wilhelm Busch hatte eine Lösung parat: „Wer Sorgen hat, hat auch Likör."

Nun ja, Hand auf Herz. Manchmal tut ein wenig Likör schon gut. Spannende Frage: Wieso eigentlich? Denn Alkohol ist kein großer Stimmungsaufheller. Aber statt direkt „Spaß zu machen", senkt Alkohol das, was uns den Spaß verdirbt: Angst, Anspannung, Unsicherheit. Wie? Er stärkt das GABA-System, den dämpfenden Botenstoff, die beruhigende Hintergrundmusik des Gehirns. Nervenzellen feuern weniger, der innere Kritiker schweigt. Voilà: Wir werden locker und charmant – oder zumindest glauben wir das. Gleichzeitig blockiert Alkohol das Glutamat-System, also das Netzwerk, das uns wach und aufmerksam hält. Das Ergebnis: Die Impulskontrolle schwindet, der Satzbau bröckelt und der spontane Opernauftritt um drei Uhr morgens scheint plötzlich eine großartige Idee. Dazu gesellt sich ein kleiner Schub Dopamin, denn auch der Nucleus accumbens tanzt. Die Welt wirkt heller, Menschen sympathischer, das Leben bedeutungsvoller, zumindest für die nächsten zwei bis drei Gläser. Alkohol ist wie ein charmanter Hochstapler auf einer Party, angenehm und unterhaltsam. Doch man sollte ihn zeitig stoppen. Ansonsten fehlt irgendwann das Silberbesteck und keiner weiß mehr, wo die Hose ist.

Erneut gilt es also, Balance zu halten. In einer Welt, die Kalorien zählt, Lebensläufe glättet und Risiken vermeidet, soll hier keiner Ächtung jeglicher Grenzüberschreitung das Wort geredet werden. Der Exzess erlöst nicht, aber er kann durchaus für den Moment befreien. Und daran ist nichts Verwerfliches. Nur als alleinige Strategie funktioniert er nicht.

Was also tun, um unser Glückempfinden nicht zu verlieren? Vielleicht braucht es nicht mehr, sondern weniger, aber bewusster. Vielleicht braucht es etwas Demut, ein wenig Realitätssinn und die stille Einsicht, dass das Glück nicht lärmend durchs Leben marschiert, sondern leise anklopft. Vielleicht liegt das wahre Glück nicht im Streben oder gar im Erzwingenwollen, sondern im Bemerken. Nicht im großen Feuerwerk, sondern im sanften Leuchten eines stillen Moments. In einem Augenblick, in dem nichts fehlt, weil alles für einen flüchtigen Moment einfach stimmt, weil alles an seinem Platz ist. Kein Mehr, kein Weniger. Einfach nur: jetzt.

Den Likör nehmen wir trotzdem, aber diesmal nicht aus Mangel oder Überdruss, sondern um auf das Leben anzustoßen. Auf das, was ist, nicht auf das, was noch sein muss.

Persönlichkeit. Eine biologische Landkarte

Grundmotive verstehen, Verhalten deuten, Entwicklung begleiten

ÜBERALL DORT, wo es um den Menschen in seiner Tiefe geht, können uns modellhafte Darstellungen der Persönlichkeit helfen. Sie sind als Landkarte zu verstehen, um Orientierung zu bieten, ohne den Anspruch, Wahrheit zu sein. So wie es das Vier-Ebenen-Modell (siehe S. 56) schon tat. Dieses veranschaulicht, dass unsere Persönlichkeit das Resultat eines lebendigen Zusammenspiels neuronaler Schichten ist – ein dynamisches, hochkomplexes Gefüge aus Erinnerung an bereits Erlebtes und Wahrnehmung des aktuell Gegebenen, aus Körper und Gefühl. Die neuronale Vielschichtigkeit erscheint in diesem Kontext wie ein Geflecht wechselseitig verbundener Funktionsräume. Diese entstehen in unterschiedlichen Entwicklungsphasen und formen gemeinsam jene innere Struktur, die wir als „Ich" erleben. Eine lineare, hierarchische Etagenordnung tritt dabei zugunsten eines dynamischen Zusammenspiels in den Hintergrund. Jede Ebene beherbergt ihre eigene Logik, ihre eigene Zeit, ihre eigene Sprache und doch: Sie kommunizieren miteinander, beeinflussen sich wechselseitig, tragen einander, widersprechen sich manchmal und sind am Ende aufeinander angewiesen.

Die unterschiedlichen Etagen erinnern uns daran, dass sich emotionale Prozesse entfalten können, ohne notwendigerweise ins Bewusstsein zu treten. Sie zeigen uns, dass Verhalten seinen Ursprung oft dort hat, wo Sprache noch schweigt, und dass Veränderung mehr braucht als Einsicht, nämlich emotionale Bedeutsamkeit und eine Übereinstimmung von unbewussten Motivlagen und bewusst artikulierten Zielen.[115] Am Ende stehen wir vor einem faszinierenden Wesen. Einem sprachbegabten, reflexiven, aber ebenso emotional gestimmten, körperlich empfindenden und sozial verwobenen Menschen, dessen Persönlichkeit sich entfaltet wie ein Lied, das von vielen Instrumenten gespielt wird. Und unsere Aufgabe – ob als therapeutisch Tätige oder einfach als mitfühlende Menschen – ist es, soweit möglich, den ganzen Klang zu hören.

Der im Folgenden beschriebene Persönlichkeitskompass will ebenfalls als Landkarte dienen (eine Abbildung findet sich ganz vorne im Buch). Er basiert auf einem integrativen Modell, das Konzepte zusammenführt, die unter anderem von Fritz Riemann, Robert Cloninger und insbesondere Gerhard Roth stammen. Letzterer hat auch hier hervorragende didaktische Vorarbeit geleistet. Die Grundbedürfnisse nach Epstein und Grawe schimmern ebenso hindurch wie die Motivsysteme nach Bischof. Im Zentrum entfaltet sich ein kreisförmiges Koordinatensystem – eine Art seelisches Navigationsrad, das zwei zentrale Achsen menschlicher Grundstrebungen sichtbar macht: *Nähe / Distanz* und *Wech-*

sel/Dauer. Diese Achsen sind mehr als nur psychologische Konzepte, sie verkörpern archaische Bewegungsrichtungen unseres Inneren. Gerahmt wird das Koordinatensystem der Strebungen von zwei übergeordneten Grundmerkmalen: *Dynamik und Stabilität.* Diese beiden Qualitäten bilden zwei Pole, die wie zwei Töne die Grundmelodie der Persönlichkeit repräsentieren. Dynamik steht für Bewegung, Offenheit für das Neue, Plastizität und Belohnungserwartung. Wer auf dieser Seite beheimatet ist, scheut keine Veränderung und sucht die Herausforderung. Auf neurobiologischer Ebene zeigt sich hier eine ausgeprägte Aktivität des dopaminergen Systems – jenes Systems, das auf Zukunft gerichtet ist, auf Zielerreichung und das Versprechen von mehr. Es ist die Kraft, die uns in Bewegung setzt.

Stabilität hingegen verkörpert Ordnung, Verlässlichkeit und das Bedürfnis nach Sicherheit. Menschen mit dieser Grundtönung schätzen Struktur, bewahren Bestehendes und gehen Veränderungen mit Bedacht an. Hier spielen vor allem neurochemische Systeme der Impulskontrolle und Risikovermeidung eine zentrale Rolle, etwa das Serotoninsystem. Das Innehalten und die Fähigkeit, auf kurzfristige Belohnung zugunsten langfristiger Sicherheit zu verzichten, charakterisieren diese Seite.

Innerhalb der vielschichtigen Architektur menschlicher Persönlichkeit übernehmen Neurotransmitter – also jene Botenstoffe, die zwischen den Nervenzellen Informationen übertragen – eine zentrale Rolle. Sie wirken jedoch nicht isoliert, sie sind keine chemischen Etiketten, die Persönlichkeitsmerkmale determinieren. Neurotransmitter sind dynamische Teamplayer in einem hochvernetzten System. Ihre Wechselwirkungen, Reizschwellen, Rezeptorprofile und

Kontextabhängigkeiten machen aus der Biochemie des Gehirns ein fein orchestriertes Zusammenspiel.

Zugleich sind sie Mitgestalter seelischer Tendenzen. Jeder Botenstoff trägt eine bestimmte „Färbung" – eine funktionelle Qualität, die sich in psychologischen Eigenschaften widerspiegelt, ohne sie jedoch allein festzulegen. *Dopamin* etwa steht für Richtung, Motivation und Zielorientierung. Es ist jener Stoff, der das Gehirn auf die Zukunft hin öffnet, Belohnung verspricht und Bewegung erzeugt. In Phasen erhöhter dopaminerger Aktivität erlebt sich der Mensch zielgerichtet, explorativ und ideenreich – Eigenschaften, die typischerweise auf der Seite der Dynamik im Persönlichkeitskompass verortet sind. Doch bei Übermaß droht ein Verlust an Erdung, Impulsivität, Reizsuche oder ein ständiges Vorwärtsdrängen, das sich selbst entleert.

Serotonin hingegen repräsentiert innere Ordnung, emotionale Stabilität und Impulskontrolle. Es ist der Taktgeber inmitten emotionaler Schwankungen, der die Affekte glättet und Impulsivität unterbindet. In stabilen serotonergen Milieus gedeihen Gewissenhaftigkeit, Sorgfalt und emotionale Robustheit. Wo Serotonin absinkt, zeigen sich hingegen Stressanfälligkeit, Grübeln, Ängste, Depressivität oder zwanghafte Muster – Ausdruck eines überforderten Systems, das versucht, sich durch Kontrolle zu stabilisieren.

Oxytocin wiederum prägt unser Erleben von Bindung, Vertrauen und sozialer Nähe. Es wirkt dort, wo Verbindung entsteht. Menschen mit hoher oxytociner Resonanz zeigen sich oft einfühlsam, fürsorglich und beziehungsfähig.

Cortisol, als klassischer Stressindikator, spielt eine Doppelrolle. Es schützt durch Wachsamkeit, versetzt den Körper in Alarmbereitschaft und mobilisiert Energie. Bei kurzfristiger Aktivierung ist es ein lebensnotwendiges Regulationsmittel, bei chronischer Aktivierung jedoch ein zersetzender Faktor, der Motivation untergräbt, Immunprozesse hemmt und in das emotionale Erleben von Schwere und Überforderung kippen kann. Menschen mit dauerhaft hohem Cortisolprofil tendieren dazu, Gefahren zu antizipieren, Veränderungen zu meiden und die Welt durch ein Prisma latenter Bedrohung zu sehen.

Acetylcholin ist der Botenstoff der Fokussierung, der geistigen Disziplin, der kognitiven Feinkoordination. Besonders im Feld der Ordnung, Struktur und Gewissenhaftigkeit entfaltet es seine Wirkung. Dort, wo Menschen planen, fokussiert arbeiten, Regeln achten und langfristige Ziele verfolgen.

KEHREN WIR ZURÜCK zu den unterschiedlichen Feldern und Strebungen. Die Achse Nähe / Distanz beschreibt den inneren Kompass zwischen Bindung und Autonomie. Oxytocin ist hier der Schlüsselfaktor. In der Nähe dominiert das Bedürfnis nach Verbindung, in der Distanz der Wunsch nach Selbstbehauptung. Auf der Achse Wechsel / Dauer geht es um die Spannung zwischen Neugier, Veränderungsstreben und Exploration einerseits sowie Risikovermeidung, Sicherheit und Kontinuität andererseits. Im neurobiologischen Hintergrund wirken vor allem Dopamin, Serotonin und Cortisol, ergänzt durch Testosteron bei kompetitiv geprägten Verhaltensmustern.

Im Zentrum der Matrix liegt das Prinzip der Bindung als neurobiologisches wie psychodynamisches Grundmotiv. Sie ist mehr als nur passive Sehnsucht, sie ist auch die Fähigkeit, Nähe und Distanz, Dauer und Wechsel sinnvoll zu koordinieren. Bindung ist das, was alle Ebenen integriert, denn der Mensch braucht sowohl Freiheit als auch Geborgenheit, sowohl Bewegung als auch Halt. Insbesondere auf der Nähe-Distanz-Achse wird die Bindung durch das Oxytocin verkörpert.

Der *dynamische Mensch* bewegt sich auf der Seite von Wechsel und Dynamik. Sein Leben ist von Aktivität, Zielorientierung und Offenheit für neue Erfahrungen geprägt. Neurobiologisch dominiert hier das Dopaminsystem. Der Cortisolspiegel ist meist niedrig, ein Hinweis auf eine geringe Stressempfindlichkeit.

Im Feld von *Autonomie und Selbstwert* treffen wir auf einen Untertyp der Dynamik, der im Vorwärtsdrang lebt. Autonomie ist der Anker dieses Feldes, Zielorientierung der Antrieb; Leistung seine Währung und Ehrgeiz die Grundmelodie. Das Neuroprofil: hohes Dopamin, Testosteron, niedriges Cortisol, niedriges Oxytocin. Die Bindungsneigung ist schwach, sie kann regelrecht unterentwickelt sein. In positiver Ausprägung zeigen sich die Menschen dieses Feldes charismatisch, überzeugend, schnell, klar und führungsstark. Doch fehlt die empathische Korrektur, können diese Wesen zu egozentrischen Kraftmaschinen mutieren – rücksichtslos, manipulativ, impulsiv. Die narzisstische Versuchung ist hier groß.

Die Bewohner des *kreativen Feldes*, der zweite Subtyp der dynamischen Seite, lieben das Neue, doch nicht nur zur Selbstwertstabilisierung, sondern aus echter Begeisterung für Veränderung und Gestaltung. Das Wesen dieses innovativen Subtyps zeigt sich fröhlich, anregend, spontan und persönlich, denn neurochemisch wirkt ein ausgeprägtes Dopamin- und ein ausgeglichenes Oxytocinprofil. Letzteres fördert soziale Anschlussfähigkeit. Die Kehrseite? In seiner negativen bzw. übersteigerten Ausprägung zieht es den kreativen Menschen ins Extravagante und Hastige. Bei weiterer Aufgipfelung kann es zum Veränderungssüchtigen gehen: sprunghaft, reizgetrieben, innerlich leer. Es fehlt das Gefühl für Abschluss, für Reifung. Alles wird schnell langweilig, Belohnung wird nur im Neuen gefunden. Das Gewachsene und schon Erreichte verliert an Wert.

Wechseln wir nun die Seite und betrachten das Terrain der *Dauer und Stabilität.* Hier finden wir Menschen mit hohem Sicherheitsbedürfnis, Gewohnheitsliebe und Ordnungssinn. Neurochemisch dominieren Cortisol, stets bereit, Gefahren am Horizont zu sichten, und Serotonin, das stabilisiert und zugleich – bei sehr starker Ausprägung der Grundmotive – zur Absenkung neigt. Beide werden durch ein schwankendes Oxytocin-Profil komplettiert.

Im Feld der *Feinfühligkeit* beheimatete Menschen verkörpern den sozial orientierten, stabilen Typ. Sie sind empathisch, vorsichtig, oft sensibel für Stimmungen und Zwischentöne. Ihr Profil zeigt hohes Oxytocin, ein jederzeit zum Anstieg bereites Cortisol, Serotonin konstant, jedoch bei Belastung (aktuell oder in der Entwicklung) regelmäßig abgesunken. In positiver Ausprägung ist dieser stabile Subtyp einfühlsam und beständig, achtsam und mitfühlend, ein Anker für andere. Doch unter Stress kann er zum ängstlich-unsicheren Menschen werden: schwerfällig, übervorsichtig, vermeidend und wachsam. Die Welt erscheint als eine Bürde – leidvoll und bedrohlich. Jede Veränderung wird zur Gefahr. Es lauern Angst und Depression.

Ein anderer Ausdruck von Stabilität zeigt sich durch die Grundmelodie der *Gewissenhaftigkeit.* Ordnung, Struktur,

Disziplin und Regelhaftigkeit sind die bestimmenden Akkorde. Wer hier beheimatet ist, liebt das Strukturelle und leidet, wenn es gestört wird. Neurochemisch zeigt sich ein zum Anstieg bereites Cortisol, das – wie auch beim Feinfühligen – häufig stressempfindlich auf die Welt reagiert. Wir treffen auf ein niedrig dosiertes Oxytocin und ein stabiles Serotonin, das aber ebenfalls, bei belastungsreicher Vorgeschichte, zum niedrigeren Pegel hin tendiert. Acetylcholin zeigt sich in diesem Feld als besonders effizient wirksamer Transmitter. In positiver Ausprägung begegnen uns pflichtbewusste, verlässliche, eben gewissenhafte Menschen. Ihre Besonnenheit erdet, ihre Förmlichkeit ziert. Doch wird die Stressachse überaktiviert, wachsen Reserviertheit und Misstrauen. Es entwickelt sich – bei weiterer Aufgipfelung – der Dogmatiker: rigide, alles Neue und Unvorhergesehene abwehrend. Hier zeigt sich das Risiko chronischer Überregulation im Zwang.

Im Zentrum dieses Persönlichkeitskompasses stehen Verstehensräume, die aufzeigen, dass wir alle Anteile dieser Pole in uns tragen. Die Frage ist weniger, wer wir sind, als vielmehr, wie wir klingen. Je nach individueller Beheimatung in einem oder gar mehreren Feldern, je nach Kontext und Belastungslage. Persönlichkeit ist ein lebendiger Klangkörper und jeder Mensch ein einzigartiges Konzert. Zu helfen, dieses in seinem Facettenreichtum und der meist doch vorherrschenden Grundmelodie zu ergründen, ist das Ansinnen dieses Modells.

Liebe. Wie die Evolution zu tanzen lernte

Wenn die Evolution unbestimmt ist,
dann ist die Liebe ihr schönster Zufall.

WENN WIR VON LIEBE sprechen, meinen wir meist etwas ganz Bestimmtes und zugleich höchst Vieldeutiges. Liebe ist ein Wort, das alles sagen will und deshalb oft ungenau bleibt. Wohl auch, weil sie uns als ein vielgestaltiges Phänomen begegnet, das sich jedoch in der romantischen Erscheinungsform am schillerndsten zeigt.

Doch wie entsteht dieses tiefe Gefühl, nicht nur in unserem Denken, sondern im Körper selbst? Was geschieht in unserem Gehirn, wenn wir uns verlieben? Welche Botenstoffe fluten das Bewusstsein, welche Netzwerke beginnen zu feuern, wenn wir begehren, vertrauen, hoffen, klammern?

Denn Liebe ist nicht nur Poesie, sie ist auch Biochemie, neuronale Dynamik und emotionale Konditionierung. Wenn wir lieben, liebt nicht nur das Herz, sondern auch das Gehirn mit seinen uralten Mustern, seinen Belohnungsschaltkreisen, seinen evolutionären Programmen. Ein Blick auf ebendiese evolutionären und neurobiologischen Grundlagen der Liebe erlaubt es uns, das scheinbar Unerklärliche in neue Zusammenhänge zu setzen. Nicht um zu entzaubern, sondern um den Zauber tiefer zu verstehen.

Was geschieht also konkret, wenn wir uns verlieben? Und was wandelt sich, wenn aus dem ersten Aufglühen eine tragfähige Liebe erwächst?

Beginnen wir mit einem Sinn, der in romantischen Erzählungen oft unterschätzt wird und doch eine zentrale Rolle spielt – dem Geruchssinn. Die erste Antwort auf die Frage nach dem Beginn der Verliebtheit mag wenig poetisch klingen, doch ist sie sehr aufschlussreich. Noch bevor bewusste Gedanken einsetzen, entfalten olfaktorische Signale ihre Wirkung – leise, schnell, und meist unterhalb der Wahrnehmungsschwelle. Düfte transportieren biologische Informationen über Immunkompatibilität, genetische Verschiedenheit und sogar über emotionale Zustände. Es ist, als würde der Körper still mitsprechen, oft überhört, aber selten überstimmt.

Werden wir konkret. Wenn Männer über ihren Schweiß Duftstoffe wie Androstenon produzieren, wird dieser von Frauen abhängig von ihrem Zyklus sehr unterschiedlich wahrgenommen. Vor dem Eisprung sinkt die weibliche Geruchsempfindlichkeit, und was sonst abweisend riecht, wird plötzlich erträglich, mitunter sogar anziehend. Frauen hingegen senden über vaginale Sekrete sogenannte Kopuline aus. Ein Cocktail aus Fettsäuren, der nicht nur die Aufmerksamkeit des Mannes steigert, sondern nachweislich seine Testosteronausschüttung erhöht. Ein subtiles, aber wirkungsvolles Wechselspiel biologischer Signale, fein abgestimmt zwischen Körper und Verhalten. Auf diesem

Wege also entscheidet sich, ob wir jemanden „riechen können“ oder eben nicht.

Aus der neurobiologischen Perspektive ist Verliebtsein ein Ausnahmezustand mit klarer Aktivierung des Belohnungssystems. Hierzu gehören das ventrale tegmentale Areal (VTA), der Nucleus accumbens und der Nucleus caudatus,[116] Areale, die auch bei Suchtverhalten eine zentrale Rolle spielen. Kein Wunder also, dass frisch Verliebte eine Art Gefühlsrausch erleben. Die erwählte Person wird zur motivationalen Zielgröße, zum Superstimulus, auf den das ganze System ausgerichtet wird.

Wo Licht ist, ist allerdings auch Schatten – zumindest biochemisch. Der Serotoninspiegel sinkt, was zu bekannten klassischen Nebenwirkungen führt: Schlaflosigkeit, Appetitminderung, obsessive Gedanken. Der präfrontale Cortex – unsere Instanz für Urteilsvermögen – fährt in seiner Aktivität zurück.[117] Was bleibt, ist eine idealisierende Verzerrung des Gegenübers. „Liebe macht blind“ ist keine bloße Redewendung, sondern ein messbarer neurofunktioneller Effekt. Nicht zuletzt steigt der Cortisolspiegel. Verliebtsein ist Stress. Wenn auch ein überaus angenehmer.

In der nächsten Phase tritt das System in eine ruhigere Bahn. Oxytocin und Vasopressin, die zuvor schon präsent waren, übernehmen nun die Führung, jene Botenstoffe, die für Bindung und Vertrauen zuständig sind. Oxytocin wird bei Nähe, Berührung und in besonders hoher Konzentration beim Orgasmus ausgeschüttet. Es wirkt beruhigend, stressdämpfend und sozial verbindend.[118] In Anlehnung an seinen Effekt nennt man es bisweilen die „chemische Zigarette danach“. In gewisser Weise ist das zutreffend, denn nach dem Höhepunkt folgt die Entspannung. In Kombination mit Testosteron kann Oxytocin zudem die sexuelle Bereitschaft erhöhen[119] – ein interessantes Beispiel hormoneller Koordination.

Vasopressin zeigt sich besonders bei Männern wirksam, stabilisiert langfristige Bindung, fördert territoriales Schutzverhalten, Nähe und emotionale Erinnerung. Es beeinflusst Strukturen, die emotionale Bewertung und soziale Lernprozesse steuern.[120] Es ist dieser Wechsel von dopaminerger Euphorie zur oxytocinbasierten Sicherheit, der die Verliebtheit in eine vertrauensvolle Bindung überführt – von der Ekstase zur Verlässlichkeit.

Und doch, die Magie muss nicht vergehen, nur weil sie sich wandelt. Sie wird leiser, aber deshalb nicht minder kraftvoll. Eine faszinierende Studie, durchgeführt an der Stony Brook University unter Mitwirkung von Helen Fisher, der wohl bekanntesten Forscherin in Sachen Liebe, zeigte, dass auch nach durchschnittlich 21 Jahren Ehe bei bestimmten Paaren die Aktivität im dopaminergen Belohnungssystem genauso hoch war wie bei frisch Verliebten. Was aber fehlte, war die Aktivierung der stressassoziierten Funktionen.[121] Die romantische Aufregung blieb, doch die Befürchtung war gegangen. Dopamin trifft Oxytocin. Liebe mit sicherem Boden unter den Füßen.

Diese Erkenntnisse zeigen eindrucksvoll: Unser Begehren, unsere Intimität und unser Vertrauen sind nicht jenseits der Biologie angesiedelt, sondern in ihr verankert. Und doch sind wir keine Gefangenen unserer Moleküle, sondern Wesen, die lieben können, weil Biologie uns die Bühne dafür bereitet. Der Tanz aber, der ist unser.

Wir sprachen im Kontext der Grundbedürfnisse von der Notwendigkeit ihrer Balance und Konsistenz. Beanspruchen doch alle Bedürfnisse Geltung und Beachtung. Diese Gleichzeitigkeit und notwendige Harmonisierung unterschiedlicher Strebungen offenbaren sich in den mächtigsten aller Empfindungen. Es sind unsere tiefsten Bedürfnisse nach Nähe, Lust und Autonomie. Diese teilweise gegenläufig wirkenden Kräfte werden in der romantischen Liebe zu einer einheitlichen Ausrichtung zusammengeführt. Ein wahrlich magisches und zugleich herausforderndes Unterfangen.

Das Bedürfnis nach Nähe und Vertrautheit, es ist die warme Umarmung, die leise Gewissheit: Bei dir bin ich zu Hause. Leidenschaft hingegen ist das Feuer, das Spiel, die Sehnsucht, bei der das Unentdeckte und Unerwartete das Herz schneller schlagen lässt. Das Bedürfnis nach Autonomie wiederum verlangt nach Raum für Selbstwert und Individualität. Es ersehnt das Gefühl, für den anderen bedeutsam genug zu sein und die Gewissheit, sich selbst nicht zu verlieren. Nähe, Vertrautheit und Verlässlichkeit schenken in einer Liebesbeziehung die Sicherheit. Es bildet sich ein haltgebender Ruhepol im ansonsten vielfach unruhigen Treiben eines modernen Lebens. Begehren hingegen speist sich nicht zuletzt aus der Distanz und dem Gefühl des Unbekannten. Im fortwährenden Ausloten und Herstellen des Gleichgewichtes zwischen diesen Kräften offenbart sich die Kunst der Liebe. Nähe und Geborgenheit ohne Verlust von Leidenschaft und Autonomie. Leidenschaft ohne das Gefühl von Beliebigkeit, Autonomie und Freiheit ohne Angst vor Verlust. Genug Nähe zu schaffen, um sich sicher zu fühlen und genug Abstand und Überraschung, um sich begehren zu können. Denn das erotische Knistern speist sich weniger aus maximaler Verschmelzung als vielmehr aus einem zu erhaltenden Maß an Unabhängigkeit und Eigenständigkeit.

IN WELCHEM RAHMEN spielen sich diese Dynamiken heute ab? Mit Blick auf die moderne Ehe lässt sich konstatieren, dass sie ein zunehmend fragiles Konstrukt geworden ist. Noch nie zuvor hatten Menschen so viel Freiheit bei der Wahl ihrer Partner und der Gestaltung ihrer Beziehungen. Und hierin liegt die Herausforderung. Je größer die Freiheit, desto höher die Erwartungen. Was einst eine Sicherheit spendende Institution war, hat sich in ein ambitioniertes Lebensprojekt verwandelt. Ein Projekt, das Romantik, Leidenschaft, Freundschaft, intellektuelle Anregung, persönliche Entwicklung und erotische Erfüllung in sich vereinen soll. An diesem Anspruch zerbrechen viele Beziehungen.

Immer mehr Menschen lösen das Dilemma zwischen langfristiger Bindung und kurzfristiger Anziehung, indem sie sich für eine Abfolge kurzlebiger Liebesbeziehungen entscheiden. Vielleicht ist es an der Zeit, die Vorstellung von Perfektion loszulassen, selbst in der größten Liebe. Denn auch sie fordert uns, früher oder später, dazu auf, im anderen die Schönheit des Unvollkommenen zu erkennen. Nicht die lückenlose Erfüllung aller Sehnsüchte verleiht einer Beziehung ihren Wert, sondern die Kunst, ihren Grenzen mit Wohlwollen, Kreativität und Gelassenheit zu begegnen. Selbst die innigste Verbindung wird niemals alles geben können und doch ist sie vielleicht das wertvollste Geschenk, das das Leben zu bieten hat.

In einer Welt, in der die Menschen danach trachten, alles, wirklich alles verfügbar zu machen, alles der Kontrolle und Machbarkeit zu unterstellen, ist es nicht nur, aber vor allem die Liebe, die sich dieser Verfügbarkeit entzieht. Liebe ist kein Produkt unseres Willens, sie ist nicht planbar, sie lässt sich nicht erzwingen, vielmehr widerfährt sie uns, wird uns zuteil. Genau darin mag ihre Schönheit liegen: in ihrer Unverfügbarkeit und Fragilität. Die Evolution hat hier mehr als nur einen effizienten Mechanismus der Arterhaltung kreiert. Sie hat – wie es der Philosoph Eugen Fink einst formulierte – einen Erfüllungsort menschlichen Seins geschaffen.[122] In der Liebe tritt der Mensch aus der Enge seines Ichs heraus. Er erfährt sich nicht mehr als abgeschlossenes Subjekt, sondern als ein offenes Wesen, das im Gegenüber nicht nur das Du, sondern auch sich selbst neu erkennt. Die Liebe wird so zu einem Raum der Selbsttranszendenz. Der Mensch wird nicht weniger er selbst, sondern mehr, weil er sich vom anderen her versteht.

Vor diesem Hintergrund darf es nicht überraschen, dass die Wucht und naturhafte Kraft der Liebe Menschen auch an ihre Grenzen führen kann. Wenn Verstand und Begierde sich vereinen, entsteht die Essenz für Harmonie und ekstatische Zweisamkeit. Doch Ekstase und Tragik sind ein Geschwisterpaar. Und so manches Mal entpuppt sich der verheißene Himmel als Abgrund. Insbesondere sehr leidenschaftliche Verbindungen besitzen eine doppelte Natur. Sie bergen sowohl das Potenzial für Erfüllung als auch für tiefe Verletzlichkeit. Hingabe sollte eine reflektierte Auseinandersetzung mit den eigenen Erwartungen und Grenzen nicht ausschließen. Die Kunst liegt darin, sich hinzugeben, ohne sich zu verlieren. Den Himmel zu genießen, ohne zu vergessen, dass selbst das strahlendste Licht von dunklen Wolken getrübt werden kann.

DAS FAZIT aus neurobiologischer Sicht: Wenn das Leben Ihnen die Liebe schenkt, nehmen Sie sie mit offenen Armen an, doch vergessen Sie nicht, sich selbst dabei treu zu bleiben. Halten Sie fest, wo Verbundenheit trägt, und lassen Sie los, wo Freiheit atmen muss. Hören Sie niemals auf, einander zu achten – nicht nur in großen Gesten, sondern vor allem im Kleinen, scheinbar Nebensächlichen. Berühren Sie einander, denn keine andere Sinneswahrnehmung versorgt unser Gehirn mit einer so wohltuenden Mischung aus Glücks- und Beruhigungshormonen. Verwöhnen Sie einander, liebevolle Ansprache sollte kein Verfallsdatum haben. Und Überraschungen? Sie sind das Salz der Liebe. Würzen Sie Ihr Miteinander großzügig damit!

Natürlich ist es herrlich, gemeinsam in ausgetragenen Jogginghosen auf der Couch zu liegen. Aber seien Sie auch immer wieder schön füreinander! Liebe lebt nicht nur von Vertrautheit, sondern auch von jenem Zauber, der entsteht, wenn wir uns für den anderen ins beste Licht rücken.

Und zu guter Letzt: Auch wenn das Leben uns nicht immer zum Tanz auffordert, tanzen Sie trotzdem. So oft es geht. Denn Liebe ist weniger ein Zustand als eine Bewegung, ein Rhythmus, den wir nicht einfach nur empfangen, sondern auch mitgestalten. Im übertragenen Sinn, als Bereitschaft zur inneren Bewegung, zur gemeinsamen Entwicklung, zur Wandlung, zum gemeinsamen Schwingen mit dem, was ist. Und im ganz realen Sinn: Spüren Sie die Magie, wenn zwei Menschen – getragen von Musik – einander halten, sich fallen lassen, sich führen lassen, und für einen Moment im Einklang sind. Tanzen Sie. So oft wie möglich. Für die Liebe.

Sex. Einmal Woodstock und zurück

Zwischen Trieb und Transzendenz spielt sich eine der spannendsten Geschichten der Evolution ab.

WIR WOLLEN DAS THEMA Liebe nicht verlassen, ohne uns einer sehr bedeutsamen Frage zu stellen: Ist die Zweierbeziehung ein evolutionär gewachsenes Phänomen oder eher ein modernes soziales Konstrukt? Und in der natürlichen Fortführung dieser Frage taucht zugleich eine zweite auf: Ist der Mensch monogam, polygam oder einfach flexibel?

Die Fortpflanzung mittels Verschmelzung zweier Geschlechter wurde vor weit über 1,2 Milliarden Jahren etabliert. Sie ist ein absolutes Erfolgsmodell der Evolution. Zu den vielfältigen Geschlechtsidentitäten, die heute verkündet werden, bleibt zu sagen: Die Evolution verfolgt keine politische Agenda. Sie verfolgt nur einen einzigen, recht simplen Plan – funktioniert es? Bringt es gesunde Nachkommen hervor? Dann machen wir weiter. Zwei Geschlechter, die ihre genetischen Karten mischen, um das Beste für die nächste Generation herauszuholen. Seit weit über einer Milliarde Jahren funktioniert das hervorragend.

So wollen wir denn auf das Phänomen der Paarbindung bei den Homininen blicken und schauen, was unsere Geschichte uns dazu zu sagen hat. Biologen verorten den Beginn der Paarbindung bereits beim Homo erectus vor rund zwei Millionen Jahren. Männer begannen zunehmend, Frauen zu begleiten.[123] Das geschah weniger aus romantischer Verklärung als vielmehr aus pragmatischen Gründen. Mann stellte fest: Bleibe ich in der Nähe, stehen die Chancen gut, dass ich meine eigenen Kinder großziehe. Wie schon angedeutet, kümmert sich die Evolution nicht um Happy Ends, sondern um Fortbestand und so ging die Tendenz sehr früh in Richtung der Paarbindung.

Allerdings widersprechen hier manche Autoren vehement.[124] Ihrer Meinung nach war die Urgesellschaft eher ein prähistorisches Woodstock. Eine Kommune, geprägt von wechselnden Affären und Partnertausch, der sich auch flexibel zum Gruppensex erweitern ließ. Familie, Monogamie oder Eifersucht werden als rein soziale Konstrukte angesehen, die biologischen Konzepte als falsch und regelrecht reaktionär abgelehnt. Kann die Biologie hier Belege ins Feld führen? Gibt es biologische Hinweise, die uns helfen, das menschliche Beziehungs- und Sexualverhalten besser einordnen zu können?

Es gibt Fragen, die einen neugierig machen und solche, die einem ein Schmunzeln ins Gesicht zaubern. Zu letzterer Kategorie gehört zweifellos folgende: Was sagen die Hoden eines Männchens über die Treue des Weibchens aus?

Um diese durchaus delikate Angelegenheit mit der gebotenen Vorsicht – und nicht ohne ein Augenzwinkern – zu beleuchten, werfen wir einen Blick auf unsere nächsten Verwandten im Tierreich. Denn wie Thomas Junker, Biologiehistoriker und Experte für die Natur des Menschen, betont: Die Größe der männlichen Keimdrüsen verrät weit mehr über das Verhalten der Weibchen als über das der Männchen.[125]

Betrachten wir zunächst den Gorilla. Ein stattlicher Silberrücken bringt es auf rund 170 Kilogramm Muskelmasse und eine beeindruckende Präsenz. Doch in einem Punkt bleibt er überraschend bescheiden – seine Hoden wiegen gerade einmal 30 Gramm. Und das hat einen einfachen Grund: Er ist ein Patriarch. Als unangefochtener Herrscher über seinen Harem hat er keine männliche Konkurrenz zu fürchten. Die Weibchen gehören ihm allein, und da er sich ihrer ungeteilten Treue gewiss sein kann, reichen kleine Sperma-Mengen aus, um seinen Fortpflanzungsauftrag zu erfüllen. Es gibt schlicht keinen biologischen Grund, größere Reserven anzulegen.

Ganz anders der Schimpanse. Mit nur 45 Kilogramm Körpergewicht kann er dennoch mit stattlichen 120 Gramm Hodenmasse aufwarten. Warum? Nun, Schimpansen-Weibchen sind alles andere als exklusiv. Sie paaren sich mit vielen Männchen innerhalb der Gruppe. Das Motiv für diese Freizügigkeit ist weniger dem Vergnügen geschuldet als vielmehr dem Umstand, dass Schimpansen-Männchen dazu neigen, insbesondere in Konfliktsituationen fremde Kinder zu töten. Ein Verhalten, das unter dem Begriff Infantizid bekannt geworden ist. Wenn ein Männchen nun aber die Vaterschaft eines Kindes nicht mit Sicherheit ausschließen kann, wird es sich mit Aggressionen zurückhalten. Schließlich bestünde die Möglichkeit, dass es dem eigenen Nachwuchs Schaden zufügt. Das aber hat zur Folge, dass die Männchen in intensiver Konkurrenz um die Vaterschaft stehen. Dabei setzt sich nicht der durch, der den größten

Der Mensch neigt zur Paarbindung und Monogamie, aber mit einer Flexibilität in Richtung moderater Polygamie.

Bizeps hat, sondern der, der die größte Anzahl an Spermien ins Rennen schickt. In diesem evolutionären Wettkampf zahlt sich Masse aus.

Nun die spannende Frage: Wo verortet sich der Mensch auf dieser Skala? Eher beim exklusiven Gorilla oder beim sexuell geforderten Schimpansen? Meine Herren, die Sie diese Zeilen gerade lesen, Sie müssen nun stark sein, denn ich fürchte, die Antwort fällt ernüchternd aus. Mit durchschnittlich 40 Gramm befinden wir uns in der schlichten Mittelklasse der Primaten. Das bedeutet, unsere Biologie legt nahe, dass Frauen grundsätzlich treu sind, aber nicht so unerschütterlich wie Gorilla-Weibchen. Gleichzeitig teilen sie nicht die Promiskuität der Schimpansen-Damen. Kurz gesagt: Der Mensch neigt zur Paarbindung und Monogamie, aber mit einer Flexibilität in Richtung moderater Polygamie. Eine ordentliche Portion Treue, eine ordentliche Prise Freiheit. Die Evolution pflegt auch hier keine Einseitigkeit.

NACH DIESER sich stark an biologischen Merkmalen orientierenden Interpretation der Entwicklungsgeschichte menschlichen Paarungsverhaltens wollen wir den Blick nochmals weiten. Denn so sehr es gilt, unsere evolutionären Wurzeln zu verstehen, so wichtig ist es, die geistig-emotionalen und kulturellen Räume zu würdigen, in denen wir unsere Beziehungen heute leben und auch neu entwerfen.

Wir sind nicht nur Getriebene unserer Gene. Wir sind auch Gestalter unserer Intimität. Zwischen neurobiologischer Steuerung und sozialer Erwartung liegt ein Handlungsfeld, in dem wir – bewusst oder unbewusst – jeden Tag Entscheidungen treffen. Über Nähe und Distanz, über Treue, Vertrauen und Begehren. Zwischen all den wissenschaftlichen Erklärungen darf deshalb auch ein romantischer Gedanke Raum greifen. Sexualität ist mehr als nur ein biologisches Programm. Wie die renommierte Paartherapeutin und Sexualforscherin Esther Perel zurecht betont, ist Sexualität auch eine vielschichtige menschliche Erlebnis- und Ausdruckform.[126]

Da ist das elementare, körperliche Bedürfnis nach Nähe, Berührung und Lust. Fest verankert in unserer Biologie, geprägt durch evolutionäre Programme, die sich mittels physiologischer Spannungszustände artikulieren. Diese Ebene lässt sich bei vielen Säugetieren beobachten. Beim Menschen kann dieses Verlangen jedoch durch psychische und soziale Faktoren moduliert werden. Ich spreche sehr bewusst von „Modulation", denn auch wenn wir dieser physiologisch eingeprägten Kraft nicht willenlos ausgeliefert sind, sollte ihre Wirkmächtigkeit niemals unterschätzt bzw. unsere Kontrolle über sie nicht überschätzt werden. Und ja, modulationsfähig sind wir sehr wohl. So kann diese elementare Kraft erblühen oder erstarren, je nachdem, wie sicher sich ein Mensch fühlt, wie verbunden, wie lebendig, wie frei. Sei es durch eigene innere Strebungen und Normierungen, sei es durch gesellschaftlich-kulturelle Ideale und Gebote.

Dann gibt es die erotische Dimension, die geistig-imaginative Seite der Sexualität. Sie lebt von Ambivalenz, vom Geheimnis, vom Unerwarteten, von der Kunst, nicht alles im anderen zu besitzen, sondern sich immer wieder neu entdecken zu dürfen. Erotik ist keine körperliche Funktion, sie ist ein imaginäres Spiel mit Fantasie, Sehnsucht, Ambivalenz, mit Grenzerkundung und Grenzüberschreitung, mit Dominanz und Hingabe, mit Weiblichkeit und Männlichkeit. Ohne diese Seite erlischt die physiologische Spannung, ihrer imaginativen und zugleich so mächtigen Antriebsquelle beraubt.

Ihre Vollkommenheit erlangt Sexualität jedoch erst durch emotionale Verbundenheit. Durch das Gefühl, sich in der Intimität nicht zu verlieren, sondern gehalten zu sein. Dort, wo Vertrauen und Resonanz wachsen, kann sich Sexualität zu etwas entwickeln, das über den bloßen Akt hinausgeht – zu einem Raum der Verschmelzung, in dem sich die vielleicht tiefste Form menschlicher Vereinigung vollzieht. Wo nicht nur zwei Körper zueinander finden, sondern wo zwei Seelen für einen Augenblick eins sind.

Wir wollen den Kreis schließen und noch einmal den Bogen zur Biologie spannen. Denn bei aller Schönheit, Komplexität und psychologischer wie auch kultureller Weite darf eines nicht vergessen werden: Sexualität ist biologisch definiert durch ihre Reproduktionsfunktion. Ihre tiefste Wurzel liegt im Fortpflanzungsakt. Das ist kein moralisches Argument, sondern ein biologisches Faktum. Dass wir als Menschen in der Lage sind, Sexualität vom Fortpflanzungszweck zu lösen, ist ein kultureller Fortschritt, aber es wäre ein Irrtum, den Ursprung vollständig zu verleugnen. Und nicht zuletzt können wir im Augenblick ekstatischer Verschmelzung genau diesen Ruf des Lebens auch in uns vernehmen. Die Vorstellung, im Augenblick des Einsseins, mit dem mir liebsten Menschen Leben zu zeugen, ist elektrisierend und erfüllend zugleich.

Sexualität ist, so dürfen wir zusammenfassend feststellen, mehr als ein einfacher Instinkt. Sie ist eine Kunst der Verbindung, eine emotionale Sprache zwischen Körpern und Seelen. In ihr treffen sich Biologie, Imagination, Emotion, Beziehung und Kultur. Und sie fordert uns auf, in einem ständigen Aushandlungsprozess zwischen Autonomie und Nähe, zwischen Wunsch und Wirklichkeit, zwischen Lust und Loyalität zu bestehen. Sie fordert uns auf, wach zu bleiben, in uns selbst und füreinander.

Super-Ressourcen. Tugenden im neuen Gewand

Biologie des Guten – von innerer Stärke in Zeiten äußerer Unsicherheit

BEDÜRFNISSE, EMOTIONEN und Motivationen sind die großen antreibenden Kräfte im Inneren des Menschen. Sie wollen gehört, gespürt und erfüllt werden. Wenn das nicht geschieht, melden sie sich umso lauter, oft fordernd, manchmal überdeutlich. Sie können kraftvolle Verbündete sein, die uns mit Energie und Richtung durch das Leben tragen. Doch ebenso können sie uns überfordern, uns entgleiten oder in Extreme führen, wenn sie kein Maß, keine Form, keine Führung und kein antagonisierendes Gegenüber finden. Und genau hier treten die Tugenden ins Spiel.

Tugenden? Sind das nicht Relikte aus längst vergangenen Jahrhunderten? Vielleicht. Doch was, wenn gerade jetzt ihre Zeit wiederkommt?

In einer Gegenwart, die den Menschen mehr durch seine Funktionalität und Optimierbarkeit als durch seinen Tiefgang und sein sinnstiftendes Wesen definiert, in Zeiten, die normative Instanzen im Relativismus zerrinnen lassen, scheint es geboten, Tugenden neu zu entfachen. Als atmende Kraft gelebter Selbstformung, frei von erstarrtem Moralin vergangener Tage. Wir können in Tugenden innere Kräfte erkennen, die uns Menschen helfen, sich klug und aufrecht in der Welt zu verorten, um Ganzheit zu entfalten, ohne den Anspruch der Perfektion. Tugenden achten darauf, was erlaubt ist, fragen aber auch: Was stärkt mein inneres Gleichgewicht, meine seelische Ordnung? Gemeint ist das Fundament unseres eigenen Wohls, wie auch – als Ergebnis unseres Wirkens – das Wohl der anderen.

Der Philosoph Julian Nida-Rümelin beschreibt Tugenden als Ausdruck praktischer Vernunft. Tugendhaft handelt, wer sich durch gute Gründe leiten lässt. Das wären jene Gründe, die ein Mensch anerkennt und in einem Akt autonomer Selbstvergewisserung zu den eigenen macht. Autonomie bedeutet in diesem Sinne, Gründe zu wählen, die man selbst als ethisch tragfähig erkennt und anerkennt.[127]

Diese Form der Selbstbindung an die getroffene Wahl ist keine rein kognitive Leistung. Sie ist ein integrativer Akt, in dem sich rationale Überzeugung, emotionale Stimmigkeit und biografische Prägung miteinander verschränken. Folgt man der neurowissenschaftlichen Perspektive, verlangt diese Einsicht nach einer Erweiterung. Denn auch die besten Gründe, die stärksten Einsichten oder edelsten Motive werden nicht automatisch zu kausal wirksamen Ursachen unseres Handelns. Zwischen Erkenntnis und Verhalten liegt ein weiter Weg und dieser führt durch Körper, Emotion und Gedächtnis. Der bereits mehrfach erwähnte Hirnforscher Gerhard Roth bringt diesen Zusammenhang auf den Punkt: Während Ursachen im naturwissenschaftlichen Sinne konkrete Auslöser für ein Verhalten sind, verstehen wir unter

Gründen die Bedeutungen, die wir unserem Handeln zuschreiben. Es handelt sich dabei um subjektive Sinnzuschreibungen, mit denen wir erklären, warum wir etwas tun – sei es mit Blick auf die Zukunft oder im Nachhinein. Gerade Letzteres ist häufig der Fall: immer dann, wenn wir erst nach einer Handlung eine passende Erklärung finden. Wir deuten also rückblickend, was zuvor noch unbewusst oder impulsiv geschehen ist.[128]

Gründe sind psychologisch wirksam, weil sie in unserem Selbstbild und ethischem Selbstverständnis eine zentrale Rolle spielen. Dennoch sind sie nicht von sich aus handlungswirksam. Das werden gute Gründe – etwa Mitgefühl, Dankbarkeit oder Gerechtigkeit – erst dann, wenn sie emotional durchdrungen, durch wiederholte Erfahrung verankert und neuronal stabilisiert wurden. Wenn also dieselbe Begründung – „Ich vergebe, weil mir Frieden wichtiger ist als Rache" – wiederholt gewählt, gefühlt und im Handeln erfolgreich vollzogen wurde, dann entsteht eine Disposition, ein motivationaler Trampelpfad im Gehirn, der die Wiederholung dieses Verhaltens wahrscheinlicher macht.

Neurobiologisch geschieht diese Integration vor allem im orbitofrontalen Cortex (OFC), einem Teil des präfrontalen Cortex, der uns schon mehrfach begegnet ist. Sie erinnern sich? Das ist jenes Areal, das für die Bewertung sozialer Situationen, die Antizipation emotionaler Konsequenzen und die Regulation von Impulsen zuständig ist.[129] Der OFC ist gewissermaßen die Schnittstelle zwischen kognitiver Überzeugung, emotionaler Bewertung, Handlungsplanung und der Einordnung des Handlungserfolges. Hier werden Begründungen über Wiederholung, affektive Rückkopplung und soziale Bestätigung strukturell verankert. Der orbitofrontale Cortex wirkt dabei als integrativer Schaltkreis, der zukünftiges Verhalten in Richtung dieser gewählten Handlungsoptionen begünstigt. Man könnte sagen, der Mensch wird nicht einfach tugendhaft, vielmehr wächst die Tugend – neurobiologisch gesprochen – in ihn hinein. Aus dieser Perspektive sind Tugenden mehr als Ideale. Sie sind verkörperte Handlungsdispositionen, gewachsen aus wiederholt gewählten Gründen, affektiv markiert, kognitiv durchdacht, biografisch getragen und neuronale Realität geworden. So wird der Mensch nicht nur verantwortlich. Er wird fähig zum Guten.

DOCH WIE KAMEN die sogenannten klassischen Tugenden in die Welt? Schon die alten Griechen – Platon, Aristoteles, die Stoiker – wussten, dass der Mensch nicht einfach durch Wissen weise wird, sondern durch Tugendhaftigkeit. Die christliche Tradition, die fernöstliche Weisheitsliteratur, der Konfuzianismus: Sie alle hielten Tugenden für den inneren Kompass des Menschen. Und auch in der Moderne finden sie ihren Platz.

Im Bemühen, das menschliche Erleben auch von seinen Stärken her zu verstehen und nicht nur auf die Defizite zu fokussieren, unternahmen die Psychologen Christopher Peterson und Martin Seligman ein bemerkenswertes Unterfangen. Sie suchten nach jenen Tugenden, die über Zeit und Kulturgrenzen hinweg als Ausdruck gelingenden Menschseins gelten. Auf Grundlage philosophischer, religiöser und literarischer Quellen aus aller Welt identifizierten sie sechs universelle Tugenden, die sich durch die Menschheitsgeschichte ziehen wie ein roter Faden der seelischen Entwicklung – Weisheit, Mut, Menschlichkeit, Gerechtigkeit,

Tugenden besänftigen das Begehren, ohne es zu unterdrücken. Sie ermöglichen Bindung ohne Selbstverlust. Sie stärken das Ich, ohne das Du zu entwerten.

Mäßigung und Transzendenz. Diese Tugenden sind keine abstrakten Ideale, sondern Ausdruck konkreter, im Alltag beobachtbarer „Charakterstärken" – insgesamt 24 haben die Autoren herausgearbeitet.[130] Viele der aufgeführten Charakterstärken werden in alternativen Konzepten – und im Geiste eines vermeintlich modernen Sprachgebrauchs – als personale Ressourcen oder gar Super-Ressourcen beschrieben. Am Ende bleiben es Stärken, und zahlreiche Studien lassen eine Tendenz erkennen. Am ehesten assoziiert mit Glück und subjektiver Zufriedenheit, zeigen sich die „Stärken" Enthusiasmus, Zuversicht, Dankbarkeit, Neugier und Liebe.[131]

Diesen Gedanken aufgreifend, möchte dieses Kapitel einen Schritt weitergehen und in Erweiterung der bisher beschriebenen Konzepte die Frage stellen: Wie können Charakterstärken oder Tugenden, unabhängig davon, in welches Wortkleid sie gehüllt werden, helfen, unsere Grundbedürfnisse zu regulieren und so psychische Gesundheit zu fördern?

Klaus Grawe hat mit seiner Konsistenztheorie beschrieben, wann psychische Störungen entstehen und wie psychisches Wohlbefinden gelingen kann. Wie wir schon feststellen konnten, ist der Kern seiner Theorie bestechend einfach. Der Mensch strebt danach, seine Grundbedürfnisse in einem möglichst widerspruchsfreien, stimmigen Verhältnis zu erleben. Wenn diese Bedürfnisse konsistent befriedigt werden, nicht gegeneinander arbeiten, sondern im Gleichgewicht stehen, entsteht psychisches Wohlbefinden. Geraten sie in Konflikt, werden zu wenig befriedigt oder zu dominant, entsteht Stress, Leiden, letztlich Symptomatik.

Unsere Bedürfnisse sind grundlegend. Sie wirken in uns, ob wir wollen oder nicht. Doch wie wir mit ihnen umgehen, wie wir sie gestalten, integrieren, ausbalancieren, ist nicht vorgegeben. Genau hier treten Tugenden auf den Plan, als innere Regulative, die uns helfen, mit unseren Bedürfnissen klug, ethisch und heilsam umzugehen. Tugenden besänftigen das Begehren, ohne es zu unterdrücken. Sie ermöglichen Bindung ohne Selbstverlust. Sie stärken das Ich, ohne das Du zu entwerten. Sie sind keine Feinde der Bedürfnisse, sie sind ihr balancierendes Gegenüber. Im Sinne des Ressourcen-Konzeptes wie auch des Resilienzgedankens können Tugenden als psychoregulative Kompetenzräume angesehen werden. Sie erlauben es uns, Bedürfnisse anzuerkennen, ohne ihnen blind zu folgen, sie zu würdigen, ohne von ihnen verschlungen zu werden.

Mit diesen Vorstellungen stehen wir tief in der Tradition des großen Aristoteles. Er beschrieb Tugenden als die Kunst, die rechte Mitte zu finden, zwischen einem Zuviel und einem Zuwenig. Mut, so schrieb er, liege zwischen Tollkühnheit und Feigheit. Großzügigkeit zwischen Verschwendung und Geiz. Tugend ist für ihn ein lebendiger Ausdruck innerer Ausgewogenheit, die sich stets neu im Spannungsfeld zwischen Extremen formt.

In einer Gegenwart, in der das Maß oft verloren scheint, gewinnt diese alte Idee neue Aktualität. Tugenden heute zu denken, heißt nicht, sich rückwärtsgewandt starren Systemen zu unterwerfen, sondern die Fähigkeit zur reflektierten Selbstgestaltung neu zu entdecken. So betrachtet schenken Tugenden uns ein Mehr an innerer Freiheit, weil sie Emotionsregulation ermöglichen. Neurobiologisch gewendet heißt das, der orbitofrontale Cortex, der viele der normativ wirksamen Netzwerke beherbergt, unterhält zahlreiche modulierend wirkende Verbindungen zu emotionsaktivierenden Zentren wie der Amygdala oder dem Hypothalamus. Im orbitofrontalen Cortex manifest gewordene, dort in die neuronale Landschaft eingelassene Bewertungsmaßstäbe stellen eine Form der Selbstführung dar, die mit uns selbst in Resonanz steht. Sie helfen uns, inmitten widersprüchlicher Motivationen stimmig zu handeln, weil sie keiner inneren Strebung die absolute Vorherrschaft einräumen.

So wirken Tugenden wie feine innere Balancierstangen. Sie halten uns im Lot, wo das Leben zum Seiltanz wird. Ganz im Sinne von Klaus Grawe unterstützen sie uns dabei, konsistent zu leben, also so, dass unsere Grundbedürfnisse nicht gegeneinander wirken, sondern in ein förderliches Zusammenspiel gebracht werden.

IM FOLGENDEN ordne ich einige zentrale Tugenden exemplarisch den vier psychologischen Grundbedürfnissen zu. Dabei lege ich den Fokus auf jene Anteile, die bei fehlender Balance ins Extreme kippen können. Also jene Dynamiken, in denen eine einzelne Strebung so dominant wird, dass sie das innere Gleichgewicht gefährdet. Hier können Tugenden als Regulative wirken, als Veredler innerer Impulse, die uns davor bewahren, in einseitige Ausprägungen zu geraten.

Das Bedürfnis nach *Lustgewinn und Unlustvermeidung* ist direkt, sinnlich, zuweilen impulsiv. Es will sofortige Befriedigung und ist anfällig für Maßlosigkeit, Verdrängung und Sucht. *Mäßigung* hilft, nicht vom Begehren überwältigt zu werden. Sie kultiviert das rechte Maß, das mehr Genuss als Übermaß ermöglicht. Sie wirkt unspektakulär, beinahe langweilig in einer Welt, die vom Extremen fasziniert ist. Aber gerade in ihrer Zurückhaltung liegt Kraft. Mäßigung ist nicht einfach moralischer Gehorsam, sie ist Freiheit gegenüber dem eigenen Begehren. Der maßvolle Mensch ist kein Lustverächter, vielmehr hat er gelernt, das Maß der Lust zu erkennen und sich nicht von ihr beherrschen zu lassen. Mäßigung schützt nicht einfach nur vor dem Exzess, sondern vor der dauerhaften Selbstvergessenheit. In der Mäßigung beginnt der Mensch, sich selbst zu führen, um sich selbst bewusst zu bewohnen.

Ein maßvoller Mensch hat gelernt, Impulskontrolle zu entwickeln, indem er seine Impulse bewusst wahrnimmt und integriert. Mäßigung bedeutet: Ich erkenne mein Verlangen und treffe dann die Entscheidung, ob ich ihm nachgehe oder nicht. So wird Mäßigung zur psychischen Selbstwirksamkeit, zur Fähigkeit, in innerer Freiheit zu handeln, statt bloß zu reagieren. In einer Welt voller Reize ist Mäßigung ein neurobiologischer Akt der Selbstzentrierung.

So sehr Mäßigung unsere alltägliche Orientierung stärkt, uns zentriert, verankert und schützt, so sehr darf sie manchmal aber auch in den Ausnahmezustand entlassen werden. Nicht als Kontrollverlust oder moralischer Fehltritt. Es geht um eine kontrollierte Grenzöffnung und bewusste Überschreitung im Dienst der Lebendigkeit. Der Philosoph Franz Josef Wetz beschreibt den Exzess als Moment der Unterbrechung, als ein Moratorium des Alltags, in dem der Mensch aus dem Funktionieren heraustritt, um sich in der Intensität des Daseins zu spüren. Der Exzess ist für Wetz keine Auflösung des Selbst, sondern eine zeitlich begrenzte Aufhebung seiner Alltagsgrenzen.[132] Er erlaubt uns, für einen Moment nicht zu funktionieren, nicht zu genügen, nicht zu kontrollieren und gerade dadurch zu uns selbst zurückzufinden.

Gefährlich wird es, wenn der Exzess seinen Ausnahmecharakter verliert und zum Dauerzustand wird. Ein Leben, das nie in den Exzess darf, wird leblos. Doch ein Exzess, der nicht unterbrochen werden kann, wird destruktiv.[133] Vielleicht ist es gerade die bewusste Ausnahme, die dem Maß Bedeutung schenkt und seinen Wert bestätigt. Wie ein Fest, das den Menschen aus dem Alltag heraushebt und so den Alltag veredelt. So darf der Exzess mit Bedacht, Respekt und Hingabe ein komplementärer Begleiter der Mäßigung sein. Ihr freier Freund, nicht ihr Feind.

Bleiben wir noch für einen Moment bei dem Grundbedürfnis nach Lustgewinn und Unlustvermeidung. Es zielt darauf, das Leben angenehm zu gestalten, Schmerz zu reduzieren, Freude zu erleben und es gehört zu den grundlegenden Impulsen unseres Menschseins. Doch gerade weil es so machtvoll wirkt, kann es uns in eine gefährliche Unruhe des Immer-Mehr führen. Und auch hier hilft eine Tugend. Wenn der Genuss zum Ersatz für Erfüllung wird, wenn das Angenehme zur Flucht wird, wenn der vermeintliche Mangel alles überstrahlt, was eigentlich da ist, kann die Tugend der *Dankbarkeit* ihre stille, tiefgreifende Wirkung entfalten.

Ein Leben, das nie in den Exzess darf, wird leblos. Doch ein Exzess, der nicht unterbrochen werden kann, wird destruktiv.

Sie ist weder Technik noch schlichtes positives Denken, sondern eine innere Haltung des Wahrnehmens und Würdigens. Dankbarkeit wirkt als Gegenkraft zu permanenter Unzufriedenheit. Sie verlagert den inneren Fokus weg vom „Noch-nicht“ hin zum „Schon-da“. Ohne auf Entwicklung zu verzichten, möchte sie Bewusstsein schaffen für das, was bereits gelungen ist. Wo das Bedürfnis nach Lustgewinn ins Unersättliche kippt, erinnert Dankbarkeit daran, dass das Glück manchmal nur bemerkt werden muss.

Psychologisch betrachtet ist Dankbarkeit ein emotionales Regulationsinstrument. Sie aktiviert jene Netzwerke im Gehirn, die mit Verbundenheit und positiver Erinnerung verknüpft sind und Zufriedenheit hervorzubringen vermögen. Sie hilft dabei, den inneren Belohnungskreislauf über kurzfristige Reize hinaus auch auf die leisen, nachhaltigen Qualitäten des Daseins zu trainieren – Beziehung, Sinn, Zufriedenheit. Dankbarkeit zielt nicht auf Verzicht, sie stillt das Begehren durch Anerkennung des Genug.

DAS BEDÜRFNIS nach *Nähe und Bindung* gehört zu den tiefsten biologischen und psychologischen Grundlagen unseres Menschseins. Und doch birgt Bindung auch Risiken. Wo Bindung zu eng wird, droht Abhängigkeit. Wo sie ungesichert bleibt, entsteht Angst. Wer das Bedürfnis nach Nähe nicht gut regulieren kann, verliert sich leicht in Anpassung und Kontrollbedürfnis oder flieht aus Furcht vor Verletzung in die Beziehungsvermeidung.

Blicken wir auf den Anfang. Unsere frühesten Bindungserfahrungen hinterlassen tiefe Spuren, die uns prägen, lange bevor wir Worte dafür haben. Ob wir uns selbst als würdig erleben, geliebt zu werden, oder ob wir unser Leben lang nach der Erlösung im Blick des anderen suchen, entscheidet sich oft dort, wo sich Bindung in unserer frühen Entwicklung manifestiert. Im Raum des Spürens, Fühlens, Gesehen-Werdens. An dieser inneren Weggabelung tritt sie später, wenn Sprache und Reflexionsvermögen gegeben sind, auf den Plan – die Tugend der *Selbstannahme*. Sie ist ein innerer Bindungsbeweis an uns selbst. Sie spricht mit leiser, aber unmissverständlicher Stimme: „Ich bin bei mir, selbst wenn du es gerade nicht bist."

Selbstannahme ist kein kalter Autonomieraum, in dem man niemanden mehr braucht. Sie ist das liebevolle Erkennen der eigenen Existenz als ausreichend, als wertvoll, ganz ohne Vorbedingung. Diese Haltung schafft ein inneres Zuhause, eine Selbstbeheimatung. Einen Ort, an dem man nicht mehr auf Erlösung durch das Außen angewiesen ist. Wo der andere nicht mehr zum Retter stilisiert wird, sondern endlich das werden darf, was er wirklich ist, ein wertvoller und unser Leben bereichernder Mitreisender.

Der Mensch will verstehen, was geschieht. Er will einordnen, vorausschauen, handeln können. Das Bedürfnis nach *Orientierung und Kontrolle* ist uns immanent und für unser psychisches Gleichgewicht essenziell. Doch wird dieses Bedürfnis übermächtig, kann es in eine rigide Haltung kippen. Hier können Tugenden regulierend wirken, indem sie uns helfen, mit Unkontrollierbarem anders umzugehen. Als besonders wertvoll erweisen sich in diesem Bedürfnisfeld die Tugenden Mut, Sanftmut und Vertrauen.

Mut zeigt sich dort, wo Angst präsent ist und dennoch Handlung geschieht. Er erwächst aus der Entscheidung, sich von der Angst nicht leiten zu lassen. Gerade dann, wenn das Bedürfnis nach Kontrolle lähmt, weil sich das Leben der vollständigen Berechenbarkeit entzieht, wird Mut zur Kraft, die den nächsten Schritt ermöglicht. Im Bewusstsein der Gefahr entsteht ein inneres Trotzdem: Ich weiß nicht, wie es ausgeht. Und doch handle ich – im Einklang mit dem, was mir bedeutungsvoll erscheint. Mut heißt, auch unter Unsicherheit aktiv zu bleiben, ohne garantierte Sicherheit, vielmehr als Ausdruck innerer Selbstwirksamkeit. Psychologisch betrachtet ermöglicht Mut, dass Entscheidungsprozesse und Handlungen nicht durch Angst blockiert werden. Auch wenn Unsicherheit besteht, können Handlungsspielräume offenbleiben. Mut verändert nicht die Welt, doch er macht uns freier im Umgang mit Ungewissheit.

Sanftmut klingt weich, doch sie ist ein Zeichen großer innerer Stärke. In Momenten, in denen wir alles im Griff haben wollen, kann Sanftmut uns daran erinnern: Nicht alles braucht Kraft, manches verlangt nach Freundlichkeit, Gelassenheit und Nachsicht. Sanftmut reguliert unsere Kontrolltendenzen auf eine ganz besondere Weise. Sie lädt uns ein, nicht auf jedes Detail zu reagieren, nicht alles sofort zu klären, sondern manches stehen zu lassen, auch dann, wenn es schwer fällt.

Neurobiologisch entspricht Sanftmut einem Zustand ausgeprägter Emotionsregulation. Das autonome Nervensystem ist in einem Modus, der Ruhe und soziale Offenheit zulässt, selbst wenn äußere oder innere Anspannung vorhanden ist. Wenn wir die Orientierung verlieren, befähigt uns Sanftmut, uns an die Hand zu nehmen, statt mit uns selbst hart zu verhandeln.

Die wohl tiefste Tugend in Bezug auf das Kontrollbedürfnis ist der *Glaube* oder – säkular gesprochen – das *Vertrauen.* Das Vertrauen im Sinne einer Haltung gegenüber dem Unverfügbaren. Vertrauen heißt, sich auszurichten, obwohl nicht alles verstanden wird. Es ist der Mut zur Lücke, der akzeptiert, dass es Dinge gibt, die nicht zu wissen, zu kontrollieren und zu erklären sind und dennoch Teil unseres Lebens bleiben. Vertrauen ist kein „Sich-Ergeben", sondern ein Vertrauen in das eigene Mitgehen-Können. Mitunter ohne zu wissen, was hinter der nächsten Biegung liegt.

Mut hilft uns, zu handeln, auch wenn manches unklar ist. Sanftmut hilft uns, locker zu lassen, ohne die Haltung zu verlieren. Vertrauen erlaubt uns, zu agieren, ohne alles zu wissen. Zusammen ermöglichen sie eine innere Stabilität, die auf Selbstregulation statt auf Kontrolle basiert. Durch bewusste Selbstführung verwandeln sie das Bedürfnis nach Orientierung in eine Form von innerer Ausrichtung.

DER MENSCH will gelten. Er möchte als jemand gesehen werden, der zählt, der etwas kann, etwas bewirkt, etwas bedeutet. Das Grundbedürfnis nach *Selbstwertschutz und Autonomie* ist dabei keineswegs egoistisch. Vielmehr ist dies eine tief verwurzelte Dimension des Menschseins. Es steht für den Wunsch nach Eigenständigkeit, Würde und Unversehrtheit. Für das Erleben des „Ich bin ich und ich bin wertvoll".

Auch dieses Bedürfnis kann aus dem Gleichgewicht geraten. Man verteidigt dann nicht mehr seinen Wert, sondern den Schein eines überhöhten Selbst. Gerade in einer Kultur, in der wir uns oftmals über Leistung, Einfluss oder Sichtbarkeit definieren, ist dieses Bedürfnis besonders anfällig für Dysbalancen. Hier können Tugenden eine ausgleichende, klärende Funktion übernehmen. Sie schmälern den Selbstwert nicht, vielmehr veredeln sie seine Form. Drei Tugenden sind dabei besonders bedeutsam: Höflichkeit, Gerechtigkeit und Demut.

Höflichkeit wirkt auf den ersten Blick oberflächlich – eine äußere Form, soziale Schminke. Doch in ihrer Tiefe ist sie eine kulturell codierte Anerkennung der Würde des anderen und damit auch ein Schutz unseres eigenen Selbstwerts. Höflichkeit strukturiert Begegnung. Sie ermöglicht Nähe ohne Übergriff und Distanz ohne Kälte. Sie erlaubt, uns mit Bedacht zu zeigen, ohne andere zu überfahren. Und sie schützt davor, von der Wucht des Gegenübers erfasst zu werden. Für das Selbstwertbedürfnis bedeutet Höflichkeit: „Ich nehme mich ernst und dich ebenso."

Gerechtigkeit ist mehr als eine gesellschaftliche Norm. Sie ist eine innere Haltung, die davor bewahrt, sich selbst über den anderen zu stellen. Und zugleich davor schützt, sich klein zu machen. Gerechtigkeit antwortet auf den Wunsch nach Gleichwürdigkeit in Beziehungen. Für das Bedürfnis nach Selbstwert bedeutet das: Ich muss mich nicht überhöhen, um wertvoll zu sein, noch mich klein machen, um geliebt zu werden. Psychologisch betrachtet setzt Gerechtigkeit ein reflektiertes Selbst voraus, das Differenz aushält, Konflikte gestalten kann und das Bedürfnis nach Autonomie nicht gegen das Du ausspielt.

Demut entspringt der Einsicht: Ich bin begrenzt und genau darin liegt eine Form von Wahrheit. Begrenzung, die als menschliche Realität anerkannt und nicht als Makel empfunden wird. Für unser Bedürfnis nach Selbstwert verkörpert Demut eine tiefe Form der Selbstverankerung, getragen von innerer Stabilität statt äußerer Selbstdarstellung. Demut stärkt das Selbst, ohne es aufzublähen und bewahrt den Selbstwert davor, sich im Ego zu verlieren. Sie löst uns vom inneren Zwang, ständig zu glänzen, und schenkt die Freiheit, auch inmitten von Unvollkommenheit bei uns selbst anzukommen. Psychologisch wirkt Demut entlastend. Sie befreit das Ich von der Last permanenter Selbstinszenierung, reduziert narzisstische Spannung, fördert Integrität und öffnet das Bewusstsein für etwas Größeres als das eigene Selbstbild.

Höflichkeit, Gerechtigkeit und Demut sind regulierende Mitspieler des Selbstwerts. Sie sind seine Verankerung in Beziehung, Reflexion und Wahrhaftigkeit. Höflichkeit gibt dem Selbst Ausdruck in Form. Gerechtigkeit gibt dem Selbst Maß im Miteinander. Demut gibt dem Selbst Tiefe, jenseits des Scheins.

Lernen und Gedächtnis. ChatGPT wird es schon richten, oder?

Was wir verlieren, wenn Denken einfach wird

OHNE DIE FÄHIGKEIT zur Erinnerung wären wir gefangen im Jetzt. Der Mensch wäre ein reines Gegenwartswesen, ohne Gestern, ohne Morgen. Keine Biografie, kein Lernen, kein innerer Zusammenhang. Doch zum Glück sind wir nicht nur einfach zum Lernen befähigt – Lernen ist die Organfunktion des Gehirns. So wie das Herz pumpt, die Leber entgiftet und der Darm resorbiert, so lernt das Gehirn. Lernen ist der Akt, durch den Erleben eine Spur im Gedächtnis hinterlässt. Das Gedächtnis bewahrt diese Spur, um sie im rechten Moment als Erinnerung wieder hervortreten zu lassen. Lernen ist das Werden der Erinnerung und das Gedächtnis ihr bleibender Ort.

So entsteht auch das, was wir als Selbst bezeichnen, nicht im Moment, sondern in der Kontinuität erinnerter Erfahrung. Ohne diese innere Zeitachse gäbe es weder Selbstmodell noch bleibende Identität. Dabei speichert der Mensch Wissen auf zwei Wegen: individuell durch direkte

Erfahrung und kollektiv durch kulturelle Weitergabe. Doch was im Gedächtnis verankert wird, ist mehr als bloß Information. Es sind emotional eingefärbte und kontextuell eingebettete Bedeutungen. Das Gehirn speichert selektiv. Es ordnet, bewertet, gewichtet und formt so aus bloßen Daten eine lebendige innere Wirklichkeit, eine Widerspiegelung des gelebten Lebens. Das Gedächtnis als reine Datenbank anzusehen, wäre unzureichend. Es gleicht mehr einem Bedeutungsverwalter. Kein monolithischer Speicherraum, sondern ein fein abgestimmtes Zusammenspiel spezialisierter Areale und Funktionssysteme, die zugleich unterschiedliche Gedächtnisformen repräsentieren.

Das *Arbeitsgedächtnis* stellt das Nadelöhr dar, durch das alles hindurch muss, was Einlass in das dauerhafte Gedächtnis anstrebt. Es hält Informationen kurzfristig präsent, bearbeitet sie und leitet sie bei ausreichender Relevanz an die *Hippocampus-Formation* weiter. Diese setzt sich aus dem Hippocampus selbst und weiteren angrenzenden Arealen zusammen. Hier haben wir es mit einem „Zwischenspeicher" zu tun. Er vermittelt zwischen flüchtiger Wahrnehmung und dauerhafter Speicherung. Und so beginnt hier die Konsolidierung, der Prozess, in dem aus flüchtigen Eindrücken stabile Gedächtnisspuren entstehen. Die Großhirnrinde, der *Neokortex,* dient als Langzeitspeicher für deklaratives, bewusst abrufbares und sprachlich formulierbares Weltwissen sowie die autobiografischen Erfahrungen. Er ist ein neuronales Archiv mit bemerkenswerter Kapazität.

Die *Basalkerne* bilden im Verbund mit dem Kleinhirn und motorischen Hirnrindenfeldern das Zentrum des prozeduralen Gedächtnisses: Automatisierte Bewegungsabläufe, Fertigkeiten, Gewohnheiten – alles, was wir können, ohne es beschreiben zu müssen, ist hier verankert. Reine Motorik benötigt keine Unterstützung durch den Hippocampus. Sie schreibt sich im reinen Handlungsvollzug in die motorischen Gedächtnisfelder ein. Nach erfolgter Konsolidierung zeichnen sich insbesondere die Verschaltungen der Basalkerne durch eine bemerkenswerte Stabilität und Resistenz gegenüber Veränderung aus.

Zugleich beschränken sich die Basalkerne nicht allein auf die Organisation motorischer Prozesse. Ihre weitreichenden Verbindungen zu neocorticalen und limbischen Gebieten machen sie zu einer zentralen Schaltstelle auch für kognitive und emotionale Gewohnheitsbildungen. Sie sind an der Etablierung wiederkehrender Denk-, Bewertungs- und Entscheidungsmuster beteiligt und tragen somit wesentlich zur Stabilisierung unseres habituellen Welt- und Selbstbezugs bei.

Verhaltens- und Denkmuster, die sich einmal zu Gewohnheiten verdichtet haben, werden über die Basalkerne nahezu automatisch aktiviert und entziehen sich oftmals einer willentlichen Modifikation. Die Umgestaltung solcher tief verankerten Routinen erfordert daher ein hohes Maß an Motivation und Veränderungsbereitschaft sowie anhaltender Übung. Ebenso bedarf sie der Geduld und Nachsicht, wenn sich alte Muster in Phasen der Veränderung erneut Bahn brechen.

DAS, WAS WIR als Gedächtnis bezeichnen, setzt sich somit aus unterschiedlichen Gedächtnissystemen zusammen. Doch bevor wir uns diesen näher widmen, gilt es kurz zu klären, was Lernen eigentlich auf der neuronalen Ebene bedeutet. Nach heutigem Verständnis beruht Lernen – und damit auch das Einspeichern von Gedächtnisinhalten – im Wesentlichen auf einer Modifikation synaptischer Übertragungsprozesse. Dabei handelt es sich nicht allein um funktionelle Anpassungen, etwa eine Erhöhung oder Verringerung der synaptischen Effizienz, sondern ebenso um strukturelle, also morphologische Veränderungen innerhalb des neuronalen Netzwerks. Diese Veränderungen betreffen insbesondere die Stärke, Anzahl und räumliche Verteilung der Synapsen, jener hochspezialisierten Kontaktstellen zwischen Nervenzellen, über die elektrische Impulse in chemische Signale übersetzt und weitergegeben werden. Durch Lernprozesse kommt es zu einer gezielten Umgestaltung der synaptischen Kontakte, zu einer neuronalen „Feinjustierung", die das Netzwerk neu verschaltet und funktional reorganisiert.

Der Akt des Lernens ist somit weder abstrakt noch als immaterieller Vorgang zu sehen. Er ist eine physisch-reale Reorganisation des Gehirns, ein Umbau im mikrostrukturellen Geflecht seiner Verschaltungen. Jedes neue Wissen, jede bedeutsame Erfahrung – sei sie noch so flüchtig – hinterlässt eine Spur im synaptischen Gewebe. Unsichtbar für das Auge, aber wirksam im Denken. Und bereits auf dieser rein strukturellen Ebene zeigt sich, dass Lernen nicht dem Befüllen eines leeren Speichers gleicht, sondern dem behutsamen Umarbeiten eines neuronalen Teppichs. Jeder Gedanke zieht neue Fäden, jede Erinnerung verändert das Muster. Dies vollzieht sich mal punktuell, mal großflächig, stets individuell. So webt das Gehirn fortlaufend an seinem eigenen inneren Selbst- und Weltbild.

Dieses biografische und Weltwissen können wir uns wie eine gewaltige Bibliothek vorstellen. Der Hippocampus ist der Bibliothekar, zuständig für Auswahl, Sortierung und Ablegen der Inhalte. Neue Informationen erreichen den Hippocmapus aus vielen Hirnrindenbereichen, insbesondere aus Feldern, die dem Arbeitsgedächtnis zugerechnet werden. Er verarbeitet und integriert sie, um sie dann in die Netzwerke des Neocortex zu überführen. Das ist ein dynamischer, stufenweiser und assoziativer Prozess. Lernen bedeutet nicht, Inhalte einfach abzulegen, sondern sie in bestehende Bedeutungsnetze zu integrieren. Eine Aufgabe, die Zeit, Wiederholung und emotionale Relevanz erfordert.

Diese Relevanz teilt sich dem Hippocampus oft früh und auf eine besondere Weise mit. Es kommt zur gleichzeitigen Aktivierung mehrerer Neurotransmitter-Systeme, die das Geschehen im Gehirn auf tiefer Ebene mitgestalten. Dabei handelt es sich um Botenstoffe wie Noradrenalin, Dopamin, Serotonin und Acetylcholin – Substanzen, die uns bereits im Zusammenhang mit dem Persönlichkeitskompass (s. Seite 150 ff.) begegnet sind. Diese Neurotransmitter werden aufgrund ihrer weitreichenden Wirkweise häufig als Neuromodulatoren bezeichnet. Anders als klassische Botenstoffe, die punktgenau zwischen zwei Nervenzellen vermitteln, können sie die Aktivität ganzer neuronaler Netzwerke tiefgreifend beeinflussen und sie zugleich fein aufeinander abstimmen. Sie wirken wie regieführende Instanzen, die darüber mitentscheiden, welche Reize Aufmerksamkeit erhalten, welche als bedeutsam emotional markiert werden und welche schließlich Eingang ins Langzeitgedächtnis finden.

Gebildet werden sie in verschiedenen Regionen des Gehirns – zumeist im Hirnstamm. Von dort aus projizieren sie in weite Bereiche des Gehirns, auch in den Hippocampus, wo sie die synaptische Plastizität beeinflussen, also die

Der Akt des Lernens ist eine physisch-reale Reorganisation des Gehirns, ein Umbau im mikrostrukturellen Geflecht seiner Verschaltungen.

Fähigkeit der Nervenzellen, sich auf neue Informationen einzustellen und durch wiederholte Reizung zu verändern. Besonders entscheidend ist dabei der emotionale Ton der eintreffenden Information. Je bedeutsamer, berührender oder spannungsvoller die Reize, desto wirksamer die Modulation im Hippocampus und desto größer die Wahrscheinlichkeit, dass sie dauerhaft verankert werden.[134]

Im Moment der sensorischen Reizaufnahme werden also nicht nur Fakten verarbeitet, sondern diese zugleich emotional bewertet und – je nach innerer Ausrichtung – auch gefiltert. Der Hippocampus wirkt damit als Filter, Verstärker und Integrator, in dem das Neue im Licht des bereits Bedeutsamen eingeordnet wird. So entsteht Erinnerung nicht als bloßes Abbild der Welt, sondern als emotional konnotierte Spur im Netzwerk unserer Erfahrungen.

Doch wie gelangt die Information schließlich in den Langzeitspeicher? Unmittelbar nach dem Lernakt – d.h. nach der Übermittlung der Informationen vom Arbeitsgedächtnis an die Hippocampusformation – startet die erste Phase der Konsolidierung. In Momenten der Ruhe kommt es im Hippocampus zu sogenannten „sharp wave ripple complexes", hochfrequenten neuronalen Entladungen, in denen das Erlebte, in kleine Episoden zerlegt, in stark beschleunigter und teils rückläufiger Abfolge wiederabgespielt wird.[135] Ein neurophysiologisches Meisterstück an Effizienz, bei dem ein basales, niedriges Frequenzmuster im Hippocampus von einer bis zu 300 Hz reichenden Hochfrequenz überlagert wird. Welch Schönheit an rhythmischer Melodik!

Die zweite Konsolidierungsphase erfolgt während weiterer Ruhephasen, insbesondere im Tiefschlaf.[136] Hier übernimmt das Gehirn die Rolle einer Nachtredaktion. Es sichtet, filtert und entscheidet, was bleibt. Informationen, die von besonderer emotionaler Relevanz sind, werden dabei abermals durch ein Zusammenspiel von Amygdala, ventralem tegmentalem Arael (VTA) und dem Nucleus accumbens markiert. Sie sind die limbischen Schaltzentralen, die in enger Kommunikation mit dem Hippocampus stehen.[137]

Das macht verständlich, weshalb Erinnerungen selten neutral sind. Sie tragen emotionale Signaturen, manchmal fein nuanciert, manchmal überwältigend. Ein Geruch, ein Lied, ein vertrauter Ort – und ganze Erlebnisräume öffnen sich in uns. Der untere, ventrale Hippocampus, eng mit genannten limbischen Bereichen vernetzt, sorgt dafür, dass emotionale Inhalte mit kognitiven und sensorischen Informationen zu einer erinnerbaren Einheit verschmolzen werden. Was die neuromodulatorischen Systeme bei den ersten Verarbeitungsschritten in Gang gesetzt haben, wird nun vollendet. Ein Wiederaufruf der Gedächtnisinhalte aktiviert entsprechend neokortikale und limbische Gebiete im Rahmen einer konzertierten Aktion.

MIT BLICK auf die emotionale Seite der Gedächtnisbildung gilt es die Amygdala besonders zu würdigen. Sie versieht oft vage Eindrücke mit einer klaren emotionalen Signatur. In eigenen Netzwerken, konkret in der baso-lateralen Amygdala, archiviert sie diese Verknüpfung, nicht ohne den ventralen Hippocampus darüber zu informieren.[138] Diese Verbindungen entstehen meist durch Wiederholung, können jedoch bei intensiven emotionalen Erfahrungen auch in einem einzigen Moment dauerhaft verankert werden. So erklärt sich, warum sich traumatische Ereignisse so tief in unsere neuronale Struktur einprägen und sich später nur mühsam durch gegenteilige Erfahrungen entkoppeln lassen. Gedächtnis ist dann nicht nur Werkzeug des Lernens, sondern Schauplatz innerer Narben.

Die Einspeicherung neuer Inhalte in das neokortikale Langzeitgedächtnis verläuft somit über den Hippocampus. Gespeichert wird modalitätsspezifisch. Visuelle Informationen werden in visuell spezialisierten Cortexarealen abgelegt, sprachliche Inhalte in den Regionen, die für Sprachverarbeitung zuständig sind. Doch so technisch präzise dieser neuroanatomische Prozess abläuft, seine wahre Signatur liegt in einem einfachen, aber hochwirksamen Prinzip: Das Neue sucht alte Wege.

Unser Gehirn lernt stets im Lichte bereits bestehender Aktivitätsmuster. Eine neue Information wird mit bereits vorhandenen Mustern assoziativ verknüpft. Dabei gilt: Ähnliches wird mit Ähnlichem verbunden. Diese Form der ähnlichkeitsbasierten Integration ist die Grundlage für ein Gedächtnissystem, das zugleich effizient und individuell ist. Denn die Frage, was wir erinnern, wie wir erinnern und *ob* wir überhaupt erinnern, hängt stets davon ab, in welche Erfahrungsnetzwerke das Neue eingebettet werden kann. Lernen ist nie ein neutraler Aufnahmevorgang, es ist ein aktiver Prozess der Bedeutungszuweisung im Lichte früherer Erfahrungen.

WIE BEREITS im Kapitel zur Wahrnehmung deutlich wurde, ist unser Gedächtnis ein dynamisches Vorhersagesystem und weit davon entfernt, ein starres Archiv zu sein. Die hier residierenden Inhalte dienen nicht allein dem rückblickenden Abgleich. Sie ermöglichen dem Gehirn, aus dem Erlebten Erwartungen über das Kommende zu generieren. Anders gesagt: Jede neue Information trifft auf eine vorstrukturierte Landschaft aus Hypothesen bzw. Vorhersagen. So werden aus neuronalen Netzwerken aktive Erwartungsräume. Diese Erwartung, gespeist aus Erfahrung, entscheidet wesentlich darüber, wie wir neue Informationen aufnehmen, interpretieren und abspeichern.

In der heutigen Welt permanenter Reizüberflutung steht das Gedächtnis unter massivem Druck. Doch unser Gehirn ist keine Festplatte, die einfach beladen wird. Es filtert, priorisiert und vergisst. Dieser – häufig als Mangel wahrgenommene – Prozess erweist sich bei genauer Betrachtung als eine neurobiologische Tugend. Denn ohne Vergessen gäbe es keine Relevanz, ohne Relevanz keine Orientierung. Was bleibt, ist das, was Bedeutung trägt. Und Bedeutung entsteht durch emotionalen und kontextuellen Widerhall.

Doch unsere Lebenswelt wandelt sich. Algorithmen steuern unsere Aufmerksamkeit und das Digitale dominiert unseren Weltbezug. Unser Gedächtnis steht nun im Mittelpunkt des Geschehens. Es ist das innere Archiv der Bedeutsamkeit, ein Ort der Selbstvergewisserung, der uns Orientierung schenkt im Strudel der Informationsflut. Denn Gedächtnis ist neben dem, was war, vor allem das, was bleibt. Und dies in einem zutiefst menschlichen Sinne. Gedächtnis ist das, was uns ausmacht. Nun stellt sich die brisante Frage, wie sich Lernen und Gedächtnis durch Nutzung künstlicher Intelligenz verändern.

Wir leben im Zeitalter der Information und zugleich in Zeiten zunehmender geistiger Entwöhnung. Das ist das zentrale Paradox, das das Forschungsteam um Barbara Oakley in ihrer aktuellen Publikation „The Memory Paradox" beschreibt.[139] Ihre Ergebnisse zeigen, wie der zunehmende Gebrauch künstlicher Intelligenz uns dazu verleitet, die Fähigkeiten unseres eigenen biologischen Lernens zu vernachlässigen, sie gar zu verlernen. Denn was zunächst als Fortschritt erscheint, nämlich der permanente Zugriff auf digitale Informationsquellen wie ChatGPT, entpuppt sich bei näherer Betrachtung als kognitiver Bumerang. Wir verlieren unsere Lernfähigkeit, weil wir unser Gehirn immer seltener aktiv nutzen.

Neurobiologisch betrachtet bedeutet Lernen einen strukturellen Umbau im Gehirn. Dabei spielt ein zentraler Mechanismus eine Schlüsselrolle – der sogenannte Prediction Error, der Vorhersagefehler,[140] ein Funktionsprinzip, das uns bereits im Kapitel zur Wahrnehmung begegnet ist. Immer dann, wenn das, was wir erwarten, nicht mit dem übereinstimmt, was tatsächlich geschieht, sendet das Gehirn ein starkes Signal: „Hier stimmt etwas nicht, bitte umbauen!" Genau damit beginnt Neuroplastizität, also das, was Lernen eigentlich ausmacht.

Doch was passiert heute? Statt Unsicherheiten auszuhalten oder Fehler durchzudenken, werden sie sofort ausgelagert, an Google oder an ChatGPT und Co. Damit umgehen wir jene kognitive Reibung, die notwendig wäre, um stabile

Gedächtnisinhalte, sogenannte Engramme, zu bilden. Die Folge: Wir erinnern uns nicht mehr an Inhalte, sondern nur noch daran, wo wir sie finden könnten. Ein prägnantes Bild der Autoren bringt es auf den Punkt: Das ist, als würde man statt eines Kochbuchs nur noch den Lieferservice nutzen und sich dabei einbilden, man sei Sternekoch. Doch Wissen ist keine Pizza, die einem an die Wohnungstür geliefert wird. Es ist wie eine Art Muskel anzusehen. Wie die richtigen Muskeln im Körper verkümmert auch dieser metaphorische Muskel ohne Training.

Von besonderer Bedeutung ist dies im Kontext kreativen Denkens, denn Kreativität ist kein spontanes Wunder, das vom Himmel fällt. Sie entsteht aus dem unerwarteten Zusammenspiel verinnerlichter Wissensstrukturen. Ohne gespeichertes Wissen keine sinnvolle Kombination, ohne Kombination keine Innovation. So konnten der Neuropsychologe Mark Jung-Beeman und sein Team schon vor Jahren zeigen, dass kreativen Einsichten, plötzlichen Geistesblitzen oder sogenannten „Aha-Erlebnissen" eine spezifische Aktivierung im vorderen Teil der oberen Schläfenlappenwindung der rechten Hirnhälfte vorausgeht.[141] Dieser Hirnbereich scheint wie ein neuronales Sammelbecken zu fungieren, in dem schon vorliegende Wissensbestandteile zusammengeführt und neu kombiniert werden. Die rechte Hemisphäre ist hierbei nicht „die kreative Hälfte" im simplifizierenden Sinne, sondern eher spezialisiert auf holistische, kontextübergreifende Verarbeitung, also jene wertvolle Fähigkeit, die oft kreative Lösungen charakterisiert und es erlaubt, Beziehungen zu erkennen, wo vorher keine vermutet wurden.

Wenn diese Aussagen zutreffen, scheint dies zu implizieren, dass Kinder, die ja über deutlich weniger Weltwissen

Kreativität entsteht aus dem unerwarteten Zusammenspiel verinnerlichter Wissensstrukturen. Ohne gespeichertes Wissen keine sinnvolle Kombination, ohne Kombination keine Innovation.

verfügen und somit auch über weniger kognitives Rohmaterial, das sie kreativ rekombinieren könnten, weniger kreativ sein müssten als Erwachsene. Hier offenbart sich eine entscheidende differenzierende Nuance. Kinder haben zwar weniger Wissen, aber auch weniger kognitive Filter. Das bedeutet: Sie sind weniger eingeengt durch erlernte Bewertungsmuster, soziale Normierungen oder festgefahrene Denkrahmen. Ihre Denkprozesse verlaufen freier, flexibler und weniger top-down-gesteuert. Wo Erwachsene dazu neigen, Bekanntes in schon etablierten Bahnen zu kombinieren, bewegen sich Kinder oft jenseits des Erwartbaren. Kreativität äußert sich hier weniger in der Tiefe des Wissens als in der Weite des Denkens.

Genau diese Weite, diese ungerichtete Offenheit des Denkens und Lernens fehlt den gegenwärtigen KI-Systemen.[142] Sie kombinieren bestehende Information innerhalb hochdimensionaler Rechenräume, doch sie tun dies ohne Bedeutungshorizont. Weder experimentieren sie aus sich heraus noch irren sie im produktiven Sinne oder „staunen" über ihre Umgebung. Ihnen fehlt das kognitive Äquivalent zum kindlichen „Was wäre, wenn?", jenes imaginative Pendeln zwischen Realität und Möglichkeit. Es ist der explorativ-spielerische Modus des kindlichen Geistes, der nicht nur fragt, wie etwas funktioniert, sondern auch, ob es anders sein könnte. Der Blick auf das kindliche Denken ermöglicht uns damit ein tieferes Verständnis für die Bedingungen menschlicher Kreativität und eröffnet eine kritische Perspektive auf das, was künstliche Intelligenz noch nicht ist.

KEHREN WIR ZURÜCK zu unserer Ausgangsstudie. In einer Untersuchung, die im Rahmen der genannten Veröffentlichung durchgeführt wurde, zeigte sich eindrucksvoll: Lernende, die aktiv mit dem Stoff arbeiteten – durch Selbstversuche, Fehler und Korrektur – erinnerten sich deutlich besser an die Inhalte als jene, die primär ChatGPT nutzten. Letztere konnten kurzfristig zwar rasch Antworten liefern, langfristig aber kaum etwas behalten. Entscheidend war nicht die Menge der Information, sondern der Grad der mentalen Anstrengung. Das Paper schließt mit einer klaren Warnung. In einer Zeit, in der Datenfülle beinahe unbegrenzt verfügbar ist, wird verinnerlichtes Wissen zum entscheidenden Faktor. Wer nur noch externalisiert, verliert auf Dauer seine kognitive Autonomie. Nicht die KI ist das Problem, sondern unsere Bereitschaft, uns von ihr das Denken abnehmen zu lassen.

Die zentrale Botschaft lautet: Nur was wir verknüpfen können, können wir verstehen. Nur was wir verstehen können, können wir gut erinnern. Nur was wir erinnern können, kann uns zum Hinterfragen dienen. Speichern im Kopf ist kein nostalgischer Bildungsfetisch, es ist die Grundlage jedes eigenständigen Denkens. Und ohne dieses können wir weder erhellende Fragen stellen noch die Inhalte beurteilen, die uns von der KI dargeboten werden. „KI statt Gedächtnis" darf nicht das Motto zukünftiger Bildung sein. Es wird darum gehen, beides intelligent zu integrieren. Denn der kluge Kopf nutzt die Maschine als Verlängerung seines Denkens. Ein Mensch mit verinnerlichtem Wissen weiß, was gefragt werden muss, wie eine Antwort zu bewerten ist und wo sie ins eigene kognitive Konzept passt.

Wer heute lernen will, muss vor allem eines wiederentdecken: die Freude an der Anstrengung, die Freude an der gedanklichen Reibung mit der Welt. An diesem Punkt beginnt der Weg zu echtem Interesse. Wir erinnern schnell, was uns interessiert, aber Interesse entsteht oft erst, wenn wir bereits etwas wissen und können. Die Zukunft gehört den Menschen, die sagen können: „Ich nutze das Internet, aber ich muss nicht alles nachschlagen, denn ich habe das Wesentliche begriffen und behalten." Das ist keine Nostalgie. Das ist Neurobiologie. Und es ist die einzige Art, in einer Welt der Datenflut und Dauer-Ablenkung autonom und geistig wach zu bleiben.

Diese Worte sind wohl gesprochen, doch wir alle ahnen, wie anspruchsvoll die Aufgabe ist, uns selbst, aber vor allem unsere Kinder zu befähigen, sich in einer zunehmend komplexen, reizüberfluteten und digitalisierten Welt zurechtzufinden. Was früher als natürliche Entwicklungsumgebung galt – der direkte Kontakt zur Welt, zur Natur, zu anderen Menschen – wird heute in vielen Lebensbereichen durch technische Vermittlung ersetzt. Ein Blick in unsere Kindertagesstätten und Schulen zeigt deutlich, dass es großer Anstrengungen bedarf, um den Kindern heute jene Voraussetzungen zu bieten, die sie benötigen, um sich zu selbstdenkenden, empathischen und resilienten Persönlichkeiten zu entwickeln. Denn während Maschinen schneller rechnen, präziser analysieren und unermüdlich speichern können, müssen unsere Kinder lernen, Bedeutungen zuzuweisen, Sinn zu erkennen und Beziehungen zu gestalten. Die neuronale Plastizität und Lernfähigkeit ist im frühen Kindesalter besonders ausgeprägt und zugleich besonders verletzlich.

Im nächsten Kapitel geht es um das Verstehen im Lernprozess. Ein Akt, dessen Grundlage ebenfalls in den frühen Jahren der menschlichen Entwicklung angelegt wird. In dieser Phase verliert sich der Mensch noch nicht in digitalen Räumen, sondern ertastet, befragt, benennt die Welt mit leibhaftiger Neugier. Unsere Aufgabe besteht darin, einen Rahmen zu gewährleisten, in dem die Freude am Erkunden der Welt, Vertrauen und inneres Wachstum gedeihen können.

Verstehen als Resonanz. Wie tief reichen die Gedanken?

Warum künstliche Intelligenz keinen Sinn erzeugt – und was das über uns sagt

WAS BEDEUTET ES, etwas zu verstehen? Diese Frage berührt nicht nur die Grundlagen der Erkenntnistheorie, sondern in zunehmendem Maße auch jene Grenzlinie, an der sich das Menschliche vom Maschinellen scheidet. In Zeiten, in denen künstliche Intelligenz immer anspruchsvollere Texte schreibt, Diagnosen erstellt und Entscheidungen vorbereitet, stellt sich mit wachsender Dringlichkeit eine wichtige Frage: Versteht ein KI-System, was es macht, oder macht es einfach nur, ohne zu verstehen?

Das Wissen um die Funktionsweise des Gedächtnisses wie auch der Wahrnehmung macht deutlich: Ob etwas für uns Menschen bedeutungsvoll ist, entscheidet sich nicht im Objekt selbst, sondern im Spannungsfeld zwischen Wahrnehmung und Erinnerung, zwischen dem, was uns hier und jetzt begegnet, und dem, was bereits in unserem neuronalen Speicher verankert ist. Das Gehirn gleicht jede neue Information, jedes Ereignis, jede sensorische Regung mit früheren Erfahrungen ab. Bedeutung – und damit auch Verstehen – ist ein Resonanzphänomen. Erst wenn ein äußeres Ereignis etwas in unserem Inneren zum Klingen bringt, wird es für uns bedeutsam.[143]

Dieser Vorgang ist tief im neuronalen Gefüge eingebettet. Was an sensorischen Informationen Eingang in das Gehirn findet, wird in Echtzeit mit gespeicherten Mustern abgeglichen, einem riesigen, individuell geprägten Bedeutungsarchiv. Gelingt dieser Abgleich, entsteht Passung. Wir verstehen, wenn das Neue in dem uns bereits Vertrauten einen Widerhall findet. Bleibt jedoch dieser Resonanzraum stumm, weil das Wahrgenommene nichts triggert, nichts aktiviert oder aufleuchten lässt, bleibt das Ereignis für uns bedeutungslos. Es fällt buchstäblich durch die Maschen unseres Erfahrungsgitters.

In unserer Fähigkeit zur Bedeutungszuweisung zeigt sich, was man ein „tiefes Verstehen" nennen kann. Gemeint ist ein stimmiges Einordnen neuer Informationen in einen lebendigen Kontext aus vielschichtigem Vorwissen, emotionaler Gewichtung und individueller Relevanz. Verstehen ist kein bloßes Wiedererkennen, es ist ein schöpferischer Akt. Ein Zusammenfügen von Welt und Selbst, ein kreativer, subjektiver Prozess, bei dem das Gehirn das Neue in ein vieldimensionales Welt- und Selbstmodell einordnet. Das unterscheidet es fundamental von jedem digitalen System. Was dabei entsteht, ist mehr als das Aneinanderreihen von Fakten. Ein innerlich gestimmtes Ganzes, das sich am Ende in einer sinnhaften und in vielfältige Zusammenhänge einzuordnenden Gestalt manifestiert. Es ist biografisch, affektiv und körperlich fundiert – eine Körperlichkeit, die Empfindungen und Gefühle trägt, Mangel spürt und um ihre

Endlichkeit weiß. Und eine existentielle Erfahrungssphäre, die künstliche Intelligenz gänzlich entbehrt.

Was künstliche Systeme leisten, ist bemerkenswert und doch bleibt ihre Intelligenz im Vergleich eine partielle. Sie erkennen Korrelationen, wir Menschen hingegen Konzepte. Sie antizipieren Wahrscheinlichkeiten, verstehen jedoch keine Bedeutung. Ihre Semantik ist berechnet, unsere authentisch durchlebt. Ein Sprachmodell „weiß", dass Chlor ins Schwimmbad gehört, riecht es aber nicht. Vor allem aber kann es weder fühlen noch verstehen, was ein Sommernachmittag mit nassen Haaren und Pommes am Beckenrand bedeutet.

Dazu kommt: Das Gehirn operiert nicht im Gleichstrom linearer Informationsverarbeitung. Es ist ein rhythmisch oszillierendes System, das Informationen parallel, in wechselseitiger Beeinflussung der Neuronen phasen- und frequenzabhängig verarbeitet.[144] Neuronale Oszillationen synchronisieren Aktivitätsmuster über weite Areale hinweg. Diese zeitliche Koordination ermöglicht eine erstaunliche Energieeffizienz und die dynamische Bildung funktionaler Netzwerke, die sich je nach Kontext neu konfigurieren. Lernen ist im Gehirn also ein hochdynamischer, „tanzender" Dialog zwischen Struktur, Rhythmus, Erfahrung und Bedeutung.

Und nun zur spannenden Frage: Wie verhält sich dieses Prinzip der Bedeutungszuweisung und des Verstehens in der KI? Ralf Otte, ein renommierter KI-Forscher, unterscheidet in seinem Stufenmodell insgesamt 15 Entwicklungsstufen künstlicher Intelligenz.[145] Erst ab Stufe 11 beginnt die eigentliche Auseinandersetzung mit dem, was wir im biologischen Sinne als Intelligenz bezeichnen. Hier entsteht eine basale reaktive Grundintelligenz. Gemeint ist die Fähigkeit, sich an äußeren Reizen wie auch an inneren Zuständen zu orientieren, analog zu den Regelungssystemen des Körpers. Stufe 12 geht darüber hinaus. Ist sie erreicht, erwerben Systeme selbstständig neues Wissen durch Lernen, Generalisieren, durch das Erkennen tiefer Muster in Datenströmen. Viele der heute eingesetzten KI-Modelle bewegen sich auf diesem Niveau. Sie leiten funktionale Regeln ab, oft mit einer Geschwindigkeit, Tiefe und Präzision, die menschliche Leistung deutlich übertrifft. Und doch bleibt diese Form von Intelligenz bei aller Effizienz eine berechnete. Statistische Meisterwerke, aber kein Verstehen, kein subjektives Erfassen von Bedeutung.

Die wirklich entscheidende Grenzlinie zur menschlichen Intelligenz tritt in den obersten Stufen hervor. Stufe 13, die den Übergang zur „starken Intelligenz" markiert, beschreibt ein kreatives Intelligenzniveau, in dem neues Wissen nicht nur rekombiniert, sondern originär erzeugt wird. Hier entsteht etwas, das es vorher nicht gab. In Stufe 14 kommt Bewusstsein hinzu, als Funktion und hypothetisch gar als phänomenaler Erlebnisraum. Stufe 15 schließlich markiert den Eintritt eines Ich-Modells in die Welt.

Die drei obersten Stufen in Ottes Konzept – Kreativität, Bewusstsein, Selbstbewusstsein – gelten nach heutigem Stand als nicht erreicht. Insbesondere bei der Stufe der Kreativität erscheint mir diese Einschätzung jedoch nicht eindeutig. Ob diese Schwelle bereits berührt oder gar überschritten wurde, hängt maßgeblich davon ab, wie das „Neue", als zentrales Merkmal kreativen Handelns, definiert wird. Hingegen gibt es bislang keine empirischen Hinweise, dass KI-Systeme auch nur in die Nähe einer Bewusstseinsschwelle gelangt wären. Aktuell ist sich die Fachwelt uneins darüber, ob sie diese Schwelle je werden überschreiten können.

Kreativität im menschlichen Sinne ist ein Schöpfungsakt, der neue Bedeutung generiert. Bewusstsein ist kein Output, sondern ein Innenraum, der Bedeutung erlebt. Und ein stabiles Selbstmodell entsteht nicht im Code, sondern in der Leiblichkeit eines atmenden Organismus. Die künstliche Intelligenz hat uns beeindruckt und in manchen Domänen bereits weit übertroffen. Vieles wird noch kommen, was wir heute kaum erahnen. Doch sie tut all dies nicht als Subjekt, sondern als System. Vielleicht liegt genau darin ihr eigentlicher Wert. Sie zeigt uns, was uns fehlt, wenn nur Funktion bleibt, und erinnert uns zugleich daran, wie komplex, kostbar und zutiefst lebendig das menschliche Denken ist.

KI kann Sprache erzeugen, ohne ein inneres Echo zu vernehmen. Wenn ein KI-System auf ein Wort wie „Liebe“, „Tod“ oder „Verlust“ trifft, „fühlt“ es dabei nichts. Es sucht keine Entsprechung in einem inneren, verleiblichten Erfahrungsspeicher, weil ein solcher schlicht nicht existiert. Es entbehrt einer emotional gewichteten Innenwelt, eines biografisch geprägten Weltwissens, einer Subjektivität. Künstliche Intelligenz simuliert Bedeutungszuweisung. Sie versteht gewissermaßen in Anführungszeichen. Die Simulation kann dabei so verblüffend echt erscheinen, dass wir geneigt sind, dem System Verständnis zuzuschreiben. Doch sollten wir uns von der Oberfläche nicht täuschen lassen. Verstehen bleibt bei der KI letztlich ein funktionaler Vollzug, kein sinnstiftendes Erleben.

Was uns als Menschen auszeichnet und worin wir uns fundamental von künstlicher Intelligenz unterscheiden, ist weniger die Fähigkeit zur Informationsverarbeitung als jene zur Bedeutungsbildung. Wir leben nicht in einer Welt von Datenpunkten, sondern in einem Raum des Sinns. Wir erinnern, assoziieren, denken, fühlen, zweifeln. Biologisch betrachtet ist Verstehen daher ein aktiver Schöpfungsprozess, bei dem das Gehirn aus neutralem Input ein persönlich relevantes Ganzes formt. In diesem Sinne ist das menschliche Verstehen nicht nur ein kognitiver Prozess, es ist ein existenzieller Akt.

DENNOCH – und das zeigt der zweite Blick – sind die Möglichkeiten künstlicher Intelligenz nicht zu unterschätzen. Die Entwicklungen verdeutlichen eindrücklich, wie nahe sich technische Systeme inzwischen biologischen Strukturen nähern. In bestimmten Anwendungsbereichen übertreffen KI-Systeme bereits heute menschliche Leistungen bei weitem. Und die Forschung schreitet voran. Mit der Entwicklung von sogenannten HORNs – harmonisch oszillierenden rekurrenten Netzwerken – versuchen Forscher wie Wolf Singer und Felix Effenberger, sich an die Logik des biologischen Lernens heranzutasten. Diese Netze verarbeiten Information nicht seriell, sondern als interferierende Wellenmuster, ähnlich wie das Gehirn. Sie sind dynamisch und energieeffizient – eine erste echte Annäherung an die Idee künstlicher Resonanzsysteme.[146]

In all diesen Fällen bleibt das Prinzip jedoch gleich: Effizienz ersetzt kein Subjekt-Sein, kein leibliches In-der-Welt-Sein, kein phänomenales Bewusstsein von sich und der Welt. Sollte eine KI jemals so etwas wie Bewusstsein hervorbringen können, dann wird es etwas anderes sein. Das sollte mitgedacht werden, wenn man mit der KI in den Dialog tritt. Künstliche Intelligenz bearbeitet, was man ihr darreicht. Dies vermag sie präzise, geschmeidig und ohne Reibung. Genau das jedoch ist ihr blinder Fleck, weder widerspricht noch irritiert oder verweigert sie sich. Was ihr fehlt, ist das Gefühl für den Kairos, jenen günstigen Augenblick, in dem Widerstand nicht stört, sondern Wachstum, gar Heilung anzustoßen vermag. Dort, wo ein echtes Gegenüber uns ins Fragen bringt, wird die KI, bei aller sprachlichen Eleganz, zum digitalen Spiegel ohne Tiefe. Kein Ort der Selbstreflexion, vielmehr eine Bühne der Selbstverfestigung.

Gerade in einer narzisstisch gefärbten Kultur, in der Kritik als Kränkung empfunden und Bestätigung zur Währung innerer Stabilität erklärt wird, avanciert KI zur idealen Projektionsfläche, ist sie doch verlässlich und gefällig. Wer sich im „Gespräch" mit ihr verstanden fühlt, könnte leicht Spiegelung mit Beziehung verwechseln. In spezifischen Kommunikationsformen wie der Psychotherapie greift diese Verwechslung besonders weit daneben. Denn Therapie ist mehr als ein Spiegelungsraum, sie ist lebendige Beziehung. Und sie wird dort wirksam, wo ein realer Mensch aktiv zuhört und mit Anteilnahme sowie dem Mut zum Widerspruch antwortet. KI kann Trost spenden, uns als Werkzeug temporär begleiten, doch als therapeutischer Partner bleibt sie ein Imitat. Der Mensch, der in ihr das ersehnte Gegenüber sucht, wird am Ende in dem bestätigt, was ihn gefangen hält.

Ludwig Wittgenstein formulierte einst: „Die Grenzen meiner Sprache bedeuten die Grenzen meiner Welt." Die Sprache der KI kennt keine Grenzen, weil sie über keine Welt verfügt. Und so bleibt der Mensch, der sich ihr anvertraut, letztlich allein. Gefangen in einem Echo, das ihn darin bestärkt, sich selbst nicht zu verlassen.

DIE ENTSCHEIDENDE Herausforderung der kommenden Jahre wird nicht sein, Maschinen das Menschliche aufzuzwingen, sondern das Menschliche zu erhalten, während wir mit Maschinen leben. Dabei gilt es, den Reichtum unserer natürlichen Intelligenz wieder ins Licht zu rücken: unsere Kognition, unsere Empfindungsfähigkeit, unser moralisches Sensorium, unsere Fähigkeit zur Verlangsamung, zum Innehalten, zur Relativierung der eigenen Perspektive, zur Selbstkritik. Das alles sind die eigentlichen Stärken des Menschen im Umgang mit einer zunehmend technisierten Welt. Verstehen bleibt ein schöpferischer Akt. Wo die Maschine berechnet, da erinnert der Mensch und formt bedeutungshafte Gestalten und Zusammenhänge. Und wo der Algorithmus erkennt, da beginnt für uns erst das Fragen.

Der Unterschied zwischen Mensch und Maschine ist kein Detail, er ist kategorial. Verstehen ist mehr als ein Informationsvorgang. Es ist ein Ausdruck unserer Lebendigkeit, ein Akt der Wechselwirkung mit der Welt und zugleich eine innere, individuelle Weltbildung. So gesehen ist Verstehen ein Ausdruck des Lebendigseins selbst. Und das bleibt einstweilen die Grenze zur Maschine.

Das narrative Gehirn. Warum Geschichten uns tragen

Wir leben nicht in der Welt –
wir leben in der Geschichte,
die wir uns über die Welt erzählen.

WENN WIR HEUTE von Mythen sprechen, dann blitzt in vielen Gesichtern ein mildes Lächeln auf, als spräche man von alten Geschichten, irgendwo verortet zwischen Kinderglauben und archaischer Folklore. In einer Zeit, in der wir schwarze Löcher kartografieren und Quantencomputer programmieren, erscheinen Mythen vielen als überholt, bestenfalls romantisch, auf jeden Fall naiv und schlimmstenfalls gefährlich. Die Vorstellung, Mythen seien in der Lage, die Welt zu erklären, will nicht in das moderne Weltbild passen. Doch hier liegt ein fundamentales Missverständnis vor.

Mythen versuchen nicht – wie Physik oder Biologie – die objektive Außenwelt zu beschreiben. Sie fragen nicht, warum der Apfel fällt. Sie fragen, warum es wehtut, wenn er uns trifft. Und warum ihn jemand pflückt, trotz aller Warnungen.

Mit anderen Worten: Mythen sind keine Weltmodelle im physikalischen Sinne, sie sind Innenmodelle.[147] Als Menschen die ersten Zeilen dessen niederschrieben, was später die Bibel werden sollte, hatten sie weder Begriffe für das Universum noch Konzepte für Planeten und Galaxien. Sie suchten nicht, das Außen einzufangen, sondern das dunkle Innen, das Labyrinth unserer seelischen Topografie. Mythen dienen der Deutung, weniger der Erklärung. Sie strukturieren das diffuse, oft widersprüchliche Erleben des Menschseins mit all seinen Ängsten, Sehnsüchten, Versuchungen, Brüchen und Transformationen.[148]

Ein Mythos ist eine symbolische Landkarte der Innerlichkeit. Es sind Geschichten, die die Menschwerdung durch Erzählung nachvollziehbar machen und uns als Wegweiser im Dickicht emotionaler Verstrickungen dienen. Norbert Bischof hat diesen Zusammenhang in seinem monumentalen Werk „Das Kraftfeld der Mythen" minutiös herausgearbeitet. Diesen inneren Kosmos der oft undurchschaubaren Motivationen und kraftvollen Emotionen zu ordnen, ist in seiner Komplexität nicht weniger herausfordernd als jede Gleichung der Quantenmechanik.

Der Mensch ist ein biologisches Wesen. Er ist aber auch ein symbolisch organisierter Organismus, dessen Handeln, wie wir bereits gesehen haben, tief in motivationalen Regulationssystemen verwurzelt ist – Bindung, Erregung, Autonomie. An dieser Stelle setzen Mythen an. Sie codieren psychodynamische Konflikte in Form von Geschichten. Der Kampf zwischen Gut und Böse, die Heldenreise, der Sündenfall, die Versuchung, die Opferbereitschaft, all das sind narrative Spiegelungen unserer inneren Dynamik. Die Figur des trickreichen Gottes Loki, die Verführungsszene im Paradies, der opferbereite Prometheus: Mit ihnen allen treffen wir auf psychologische Archetypen. Der Mythos bietet uns eine Grammatik des Erlebens, eine symbolische Struktur, in der wir unser eigenes inneres Ringen wiedererkennen. Weder objektiv noch historisch, aber sinnhaft.

Wie wir bereits mehrfach festgestellt haben, arbeitet unser Gehirn ständig an inneren Modellen der Welt und des Selbst. Diese Modelle, auch wenn sie auf Wahrheit zielen, dienen nicht in erster Linie der Faktentreue, sondern der Orientierung. Unser bewusstes Selbsterleben ist vor allem ein Erleben von Selbstwirksamkeit. Das Gehirn erschafft einen inneren Erlebnisraum, in dem wir uns als ausreichend kompetent empfinden, um handlungsfähig zu bleiben in einer Welt, die viele Herausforderungen und Gefahren birgt und von bewussten Wesen bevölkert ist, mit denen den Umgang pfleglich zu gestalten auch uns selbst zugutekommt. So erzeugen wir ständig Erzählungen über uns, über andere, über das, was zählt. Ein Mythos ist ein hochverdichtetes Erklärungsmodell, emotional aufgeladen und sozial geteilt. Er erschafft ein mentales Koordinatensystem, das uns sagt: Wer bin ich? Wohin gehöre ich? Was darf ich hoffen und was soll ich fürchten?

Hier wird es spannend. Wenn viele Menschen dieselbe Geschichte oder dasselbe symbolische Deutungsmuster in sich tragen, synchronisieren sich ihre Innenwelten. Es entsteht, was man als kollektive Kohärenz bezeichnen könnte. Als würden sich unsere Nervensysteme auf eine gemeinsame Frequenz einschwingen. Es formt sich eine Kraft der Verbindung. Mehr als soziale Zugehörigkeit. Es ist geteilter Sinn, der hier wirksam wird. Repräsentationen, die in unseren Köpfen residieren, synchronisieren sich und ermöglichen eine neue Ebene menschlicher Gemeinschaft. Eine, die nicht auf genetischer Verwandtschaft oder unmittelbarem Nutzen beruht, sondern auf geteilten Bedeutungen und Werten. Auf gemeinsamen Vorstellungen davon, was „richtig" ist, was „heilig" ist, was uns als Gemeinschaft ausmacht.

Ob in der jüdisch-christlichen Schöpfungserzählung, im Gilgamesch-Epos, in den nordischen Sagen oder in modernen Superheldenfilmen, die Mechanik ist dieselbe. Der Mythos formt Identität, schafft emotionale Resonanzräume und moralische Bezugsrahmen. So entsteht, was Norbert Bischof als symbolische Regulationsebene beschreibt: eine Ebene, auf der abstrakte Werte, kollektive Normen und emotionale Identifikation zusammenwirken, um soziale Systeme zu stabilisieren, vom Stamm bis zur Nation.[149] Darin liegt jedoch eine Ambivalenz, die wir nicht übersehen dürfen. Denn Mythen können auch spalten, ausgrenzen, aufwiegeln. Mancher Mythos führt zur Erkenntnis. Manche führen in die Irre. Sie können Heldentum blind glorifizieren oder Gewalt legitimieren. Sie können Werte stiften oder Vorurteile nähren. Nicht wenige politische Bewegungen, Religionen und Ideologien greifen auf toxische Mythen zurück, die Feindbilder erzeugen, Hass schüren und das „Wir" nur durch ein verhasstes „Ihr" zu definieren vermögen.

Umso wichtiger ist es, heute Mythen so zu interpretieren, dass ihre lebensbejahende Seite zum Vorschein kommt. Oder nach neuen Deutungen zu suchen. Nach Mythen, die verbinden, statt zu spalten, die Gemeinschaft statt Entzweiung stiften. Mythen, die Menschlichkeit als Stärke deuten. Es ist an der Zeit, alte Geschichten neu zu erzählen oder neue zu erschaffen.

Ein weiterer Grund für die Wirkmacht von Mythen liegt in ihrer Form. Sie erzählen Geschichten. Und das vermag die Wissenschaft nur selten. Die Naturwissenschaften – und wir verdanken ihnen so viel – beschreiben uns die Welt, wie sie ist. Sie sagen uns, warum der Himmel blau ist, wie Moleküle schwingen und warum Sterne verglühen. Das ist zweifellos von unschätzbarem Wert. Doch Wissenschaft erzählt keine guten Geschichten. Sie ist oft zu abstrakt, zu komplex, zu fern vom Alltag. Was ihr an Klarheit innewohnt, fehlt ihr häufig an emotionaler Anregung. Mythen dagegen bespielen elementare Themen: Geburt, Trennung, Transformation, Tod, Schuld, Liebe, Kampf, Sinn. Sie sind greifbar, weil sie nicht auf Zahlen, sondern auf Bilder und Gefühle setzen. Daher berühren sie selbst dann, wenn sie inhaltlich keiner Empirie folgen.

Wenn die Sonne untergeht und die Dunkelheit einkehrt, dann trösten keine Formeln. Dann suchen wir Sinn, nicht Beschreibung. Und es sind die Geschichten, die uns in solchen Momenten wärmen wie ein Lagerfeuer. Nicht weil sie die Welt korrekt erklären, sondern weil sie uns in ihr beheimaten. Eine kluge, aufgeklärte Gesellschaft wird darin weniger einen Rückschritt als eine Ergänzung erkennen. Denn ohne Erzählungen – so plakativ es klingt – haben wir Satelliten im All, aber keinen Kompass in der Seele. Deshalb: Erzählen Sie Ihren Kindern und Enkelkindern Geschichten, nicht nur zum Einschlafen. Geschichten, die nicht nur sagen: „So war es“, sondern die fragen: „Wer wollen wir sein?“

Vor diesem Hintergrund erhält die oft verwendete Zuschreibung einer „gottlosen Gesellschaft“ eine weit vielschichtigere Tönung. Losgelöst von der Frage, ob genügend Menschen an die Existenz einer höheren Instanz glauben, verweist der Begriff der Gottlosigkeit in diesem Zusammenhang auf das Fehlen einer gemeinsamen, seelisch tragfähigen Idee des Menschseins. Es geht um das, was uns innerlich verbindet, was unser Denken, Fühlen und Handeln in ein größeres Narrativ einbettet, und um eine kollektive Repräsentation, die zu abstrahieren und zu erheben weiß. Was eine Gesellschaft zusammenhält, sind natürlich Recht, Ökonomie oder Infrastruktur. Doch fundamental ist ein gemeinsames Bild vom Menschen. Davon, was er ist, was er sein könnte, und worin seine Würde liegt. Eine „gottlose Gesellschaft" in dem hier vertretenen Sinne ist eine Kultur, der das verbindende Symbol fehlt, das gemeinsame Sinnversprechen, das uns über uns selbst hinausdenken lässt. Eine Gesellschaft, die keine Sprache mehr für das Heilige hat, nicht nur im religiösen, sondern vor allem im existenziellen Sinne.

Wo kein inneres Zentrum mehr geteilt wird, verlieren sich die seelischen Koordinaten. Dann wird der Mensch vereinzelt, fragmentiert, zwar vernetzt, aber nicht verbunden. Dann bleibt nur noch der Einzelne mit seiner Bedürftigkeit, aber ohne mit anderen ein gemeinsames Ziel zu teilen, ohne ein größeres Wofür. Was fehlt, ist das gemeinsame Bild vom Guten. Eine Idee, die mehr ist als private Moral. Eine innere Figur, die Orientierung bietet. Nicht, weil sie vorschreibt, sondern weil sie beseelt.

ALL DAS BESCHRIEBENE, die Kraft der Mythen, ihre innere Architektur, ihre Wirkung, verweisen auf ein tieferliegendes Prinzip: die grundsätzliche Fähigkeit des Menschen, in Geschichten zu denken. Das Gehirn bildet die Welt nicht einfach ab, sondern bringt sie in eine erzählbare Form, Augenblick für Augenblick, Tag für Tag, ein Leben lang. Der

Was wir Identität nennen, ist im Grunde eine Geschichte, die wir uns über uns selbst erzählen, in ständiger Revision. Unsere Selbstmodelle sind narrative Konstruktionen.

Literatur- und Neurowissenschaftler Fritz Breithaupt zeigt genau das auf. In seinem Buch „Das narrative Gehirn" beschreibt er, wie grundlegend unser Denken auf Erzählungen basiert. Wie bereits dargestellt, ist unser Gehirn ein hochdynamischer Sinnproduzent, der die Welt in Szenen, Figuren, Absichten und Wendepunkten verarbeitet.[150] Ob Erinnerungen, Zukunftspläne oder moralische Entscheidungen, all das wird in Form narrativer Strukturen organisiert. Das Gehirn, so Breithaupt, operiert im Modus des Erzählens. Es konstruiert Zusammenhänge, bewertet Ereignisse anhand von Dramaturgie, identifiziert Helden und ihre Gegenspieler, erkennt Muster, selbst dort, wo objektiv keine sind.

In einem groß angelegten Experiment untersuchten Breithaupt und sein Team die Wirkung einer Art moderner „Stiller Post": Eine Geschichte wurde über mehrere Glieder hinweg weitererzählt. Ziel war herauszufinden, welche Inhalte die Erzählung überlebten. Das Ergebnis war eindeutig. Fakten und Details der Handlung gingen verloren, während die Emotionen überdauerten. Die affektive Färbung der Geschichte blieb erhalten, selbst wenn Namen, Orte oder Zusammenhänge verblassten. Was zählte, war der emotionale Kern, das Mitgefühl, der Schock, das Staunen. Diese Erkenntnis belegt: Narrative sind nicht primär Informationsspeicher. Sie sind emotionale Vektoren. Sie transportieren Haltung, Wertung, Bedeutung und prägen unser Gedächtnis weitaus stärker als nüchterne Daten.[151]

In einer anderen vielbeachteten Studie konnte der Neurowissenschaftler Uri Hasson von der Princeton University zeigen, dass Geschichten nicht nur Gedanken, sondern Hirne verbinden. In einem Experiment wurden Sprecher und Zuhörer per fMRT untersucht, während sie Geschichten erzählten bzw. hörten. Das erstaunliche Ergebnis: Die Gehirnaktivität der Zuhörer synchronisierte sich mit der des Erzählers. Diese neuronale Kopplung trat nicht bei der bloßen Übermittlung von Fakten auf, jedoch besonders stark bei narrativen, emotional aufgeladenen Erzählungen.[152] Mit anderen Worten: Wenn Menschen einander Geschichten erzählen, beginnt ihr Denken zu resonieren. Die Erzählung wird zur Brücke zwischen Innenwelten – ein biologischer Beweis dafür, dass Verstehen mehr ist als Informationsaustausch. Es ist ein synchronisiertes Erleben. Wir stimmen uns aufeinander ein, im wörtlichen Sinne.

Es geht noch weiter. Wir erzählen auch, um wir selbst zu sein. Denn das, was wir Identität nennen, ist im Grunde eine Geschichte, die wir uns über uns selbst erzählen, in ständiger Revision. Unsere Selbstmodelle sind narrative Konstruktionen, die es uns ermöglichen, Zentrierung und Kohärenz in der inneren Welt herzustellen. Ein roter Faden, an dem wir unser Denken und Fühlen orientieren können.

Hier können wir nun aufgreifen, was wir mit der Rolle der Mythen schon erkundet haben: Die erzählenden Strukturen wirken auf zwei Ebenen ordnend, privat und sozial.

Wer dieselbe Geschichte teilt, dieselben Bilder, Figuren, Symbole und Werte, erlebt sich als verbunden. Hierin liegt die eigentliche Kraft von Erzählungen, sie synchronisieren und erzeugen Resonanzräume. Sie geben nicht nur Orientierung, sondern schenken auch Stabilität im Wandel. Und das ist heute nötiger denn je. Denn wir leben in einer Welt, in der nichts mehr sicher scheint. Identitäten sind fluide, Geschlechter frei bestimmbar, Arbeitsverhältnisse prekär, Gewissheiten brüchig. Der Mensch ist „postmodern entwurzelt", um es mit Zygmunt Bauman zu sagen.[153]

In dieser Unbeständigkeit wächst die Sehnsucht nach Halt, nach innerer Ordnung. Doch wie finden wir diesen Halt in einer Welt, die sich der Fixierung entzieht?

Wollen wir als Gesellschaft nicht der Auflösung anheimfallen, so benötigen wir Erzählungen, die uns verbinden, ohne uns zu fesseln. Geschichten, die uns erinnern, warum wir zusammengehören. Geschichten, die unsere Werte atmen: Freiheit, Würde, Gleichwertigkeit der Geschlechter, Rationalität, Respekt und Redlichkeit. Gerade in einer Zeit, die sich der Vielfalt verpflichtet fühlt, sind solche gemeinsamen Grundlagen überlebenswichtig. Denn Vielfalt braucht Rahmen, braucht Partitur, braucht gemeinsamen Takt, sonst wird aus einer vermeintlich bunten Sinfonie schnell ein akustisches Chaos.

Ich wiederhole meine Frage, die ich schon zu Beginn unserer Reise stellte: Wie finden wir Halt in einer haltlosen Welt? Konfrontiert mit einer Unendlichkeit unter uns, einer Unendlichkeit über uns und nicht zuletzt einer Unendlichkeit in uns. Die Wissenschaft hilft uns, diese Räume zu kartografieren. Sie zeigt uns, wie Gehirne funktionieren, wie Gene codieren, wie Gesellschaften interagieren. Und doch, was wir erleben, ist nie die Welt selbst, sondern immer nur ihre Rekonstruktion in unserem Geist. Wir erleben die Geschichte, die wir uns über die Welt erzählen. Das Epos des Kosmos mag endlos sein, doch was bei uns ankommt, ist das, was unsere neuronale Bühne aufzuführen vermag. Und hier beginnt die eigentliche Kunst des Menschseins, die Kunst, dieser inneren Bühne Bedeutung zu verleihen. Denn Sinn ist kein Faktum, Sinn ist ein Erzählakt.

WIR STEHEN HEUTE vor der Aufgabe, Sinn zu stiften, der trägt. Sinn, der aus der Würdigung und Fortentwicklung des Gewachsenen gedeiht. Das bedeutet, unsere Wurzeln zu prüfen, um sie zu verstehen, kritisch zu hinterfragen und über sie hinauszuwachsen. Denn nur eine reflektierte Verwurzelung erlaubt jenes Streben nach oben, das mehr will als bloß Selbstverwirklichung. Sie erlaubt das Streben zum Guten, zum Edlen, zur Freiheit hin. Wenn wir gemeinsam nach oben blicken, auf eine Idee, die größer ist als unser Eigennutz, dann können wir einander in der Tiefe halten. So erst wird aus Gesellschaft Gemeinschaft. In Freiheit und in Würde. Würde ist ein wichtiger Wert und zugleich ein Versprechen. Ein stilles Einverständnis, das wir einander geben, den anderen nicht zu verdinglichen, nicht zu instrumentalisieren. Würde heißt, den Menschen nicht als Funktion zu betrachten, sondern als unverfügbare Existenz. Sie ist eine Bastion des Humanen in einer Welt, die dazu neigt, die Dinge zu verrechnen.

Doch die Würde des Menschen liegt nicht nur in der Zugehörigkeit. Sie liegt überdies in der Entschlossenheit, der eigenen individuellen Geschichte zu folgen. Auch die eigenen kleinen Projekte, leise Pfade, unauffällige Alltagsheldentaten haben Bedeutung, wenn sie aus der eigenen Tiefe gespeist werden und aus Überzeugung geschehen. Sie formen das Gewebe unserer Identität und unseres Menschseins. Diese Ausformung vollzieht sich auf der Grundlage bestimmter Voraussetzungen. Der Philosoph Eugen Fink unterscheidet – genau diese Voraussetzungen in den Blick nehmend – zwischen zwei grundlegenden Seinsweisen des Menschen: dem panischen und dem personalen Sein.[154] Diese Unterscheidung ist komplementär zu sehen. Fink verwendet den Begriff des Panischen in Anlehnung an die griechische Gottheit Pan, den Hirtengott, der nicht nur für das Erschrecken, sondern vor allem für die Ganzheit steht. Pan bedeutet wörtlich „alles“, es verweist auf ein Allsein, in das der Mensch nicht als Macher, sondern als Empfangender eingelassen ist.

Das *panische Sein* ist jene Dimension, in der wir nicht über uns verfügen können. Es ist das vorpersonale, schicksalhafte Eingelassensein in Bedingungen, die wir nicht gewählt haben, nicht oder nur sehr begrenzt gestalten können und die dennoch unser Leben grundieren. Dazu gehören: unser Körper, den wir haben und der wir auch sind; unser biologisches Geschlecht, das uns über die Erbsubstanz in jeder Zelle mitgegeben ist; unser Altern, das sich nicht aufhalten lässt; unser Wachen und Schlafen, das uns an die natürlichen Zyklen alles Lebendigen bindet. All das sind Phänomene, die sich einer bewussten Steuerung weitgehend entziehen. Das panische Sein erinnert uns daran, dass Leben geschehen ist, bevor es Projekt wurde. Es trägt die Struktur des Schicksals, nicht im Sinne einer fatalistischen Ohnmacht, sondern als Grund, auf dem Freiheit erst stehen kann.

Was wir erleben, ist nie die Welt selbst, sondern immer nur ihre Rekonstruktion in unserem Geist. Wir erleben die Geschichte, die wir uns über die Welt erzählen.

Dem panischen Sein gegenüber steht das *personale Sein.* Hier ist der Mensch Individuum, Person, Subjekt der Entscheidung. In dieser Sphäre verfügen wir über uns selbst. Wir handeln, planen, entwerfen unser Leben. Hier herrschen Freiheitsspielräume. Die personale Sphäre ist das Feld unserer Autorschaft. In ihr ist der Mensch sich selbst Aufgabe. Doch diese Autorschaft steht immer schon auf dem Fundament des Panischen. So wie ein Haus auf der Erde steht, die es nicht selbst gebaut hat.

Heute wird das panische Sein von vielen als Provokation erlebt. Geburt, Altern, Sterben, Geschlecht: All dies wird als technisches Problem betrachtet, das zu lösen ist. Der Mensch, so will es scheinen, ist ein Wesen, das sich selbst nicht genügt. In seiner tiefsten neurobiologischen und geistigen Verfasstheit ist er auf Entwicklung, Wandlung und Überschreitung hin angelegt. Das evolutionäre Werden, das ihn hervorgebracht hat, setzt sich in ihm fort – als stetige Bewegung des Suchens, Gestaltens und Übersteigens. Doch wo endet die kreative Selbstverwirklichung und wo beginnt die destruktive Selbstverleugnung?

In dieser Frage berührt die aktuelle transhumanistische Position einen neuralgischen Punkt des modernen Menschseins. Im Kern des Transhumanismus steht ein Versprechen. Der Mensch, technisch optimiert, befreit sich von seinen Grenzen. Die Natur wird neu programmiert, der Körper umgebaut, der Geist in Daten verwandelt. Was als Fortschritt erachtet wird, könnte in einer tiefgreifenden Entkörperung, einer systematischen Entbindung von Leib und Welt münden.

Es geht nicht darum, Entwicklung zu verweigern. Sie bleibt ein wesentlicher Ausdruck menschlicher Gestaltungskraft. Zugleich stellt sie uns vor die Aufgabe, im Fortschreiten zu bewahren, was das Menschliche im Kern ausmacht, und bewusst zu bestimmen, was wir als schützenswert erkennen. Die Verheißung eines Lebens ohne Schmerz, ohne Leid, ohne Begrenzung und ohne Tod bleibt eine Illusion – ein Wunschbild, das den Preis seiner Erfüllung verschweigt. Die transhumanistische Vision läuft Gefahr, Beziehung durch Berechnung zu ersetzen, Leiblichkeit durch Steuerbarkeit, Tiefe durch Funktion. Was dann bleibt, ist ein digitales Phantom des Menschlichen – ein Spiegel unserer Sehnsüchte, aber ohne deren Tiefe, Verletzlichkeit und Würde.

Eugen Finks anthropologische Pointe liegt in der Versöhnung beider Sphären, des Panischen wie des Personalen. Der Mensch ist nicht nur Handelnder, sondern auch Empfangender. Er ist nicht nur Planender, sondern auch Getragener. Das Glück des Menschseins erwächst aus der Balance. Aus der Fähigkeit, Freiheit zu üben und zugleich zu akzeptieren, dass wir nicht über alles verfügen. Wer nur gestalten will, verliert den Sinn für das Gegebene. Wer nur hinnimmt, verliert sich im Fatalismus. So zeigt sich im Schlaf ein gutes Bild des Panischen. Wir können ihn nicht „machen". Er entzieht sich dem Willen, gerade darum kann er heilend sein. Und ebenso das Altern und die Liebe. All dies entzieht sich einer völligen Steuerung. Es stößt uns zu und trägt uns doch. Eine Gesellschaft, die das Panische leugnet, droht jene Würde zu verlieren, die im Anerkennen des Unverfügbaren ihren tiefsten Ursprung hat.

Was wir brauchen, ist eine Erzählung. Eine Erzählung, die uns trägt, und ein Streben, das uns erhebt. Und daraus erwachsend die Kraft, die eigenen Projekte zu verwirklichen. Vielleicht entsteht in Momenten wie diesem – beim gemeinsamen Lesen, Denken, Träumen – ein Hauch jener Magie, die aufleuchtet, wenn Menschen nicht nur zusammenkommen, sondern gemeinsam träumen. Denn wenn Menschen gemeinsam träumen, schaffen sie nicht nur Bedeutung, sie schaffen ein kleines Stück Zukunft. Der Mensch ist ein narratives Wesen und vielleicht liegt seine größte Freiheit darin, die Geschichte, die er lebt, nicht nur zu erzählen, sondern zu wählen.

Quo vadis, Homo sapiens?

Wenn Wissen nach Weisheit verlangt

WOHIN GEHST DU, Mensch, als Träger eines schöpferischen Gehirns, das Milliarden Jahre Evolution in sich birgt und nun beginnt, seine eigene Simulation zu erschaffen?

In der Menschheitsgeschichte gab es viele Momente, in denen die Welt den Atem anhielt. Zeiten, in denen Sicherheiten ins Wanken gerieten und die Zukunft mit unbestimmter Offenheit vor den Menschen lag. Wir stehen an einer solchen Schwelle. Unsere Lebenswirklichkeit wird sich in den kommenden Jahren in einem Ausmaß wandeln, das alles bisher Gekannte übersteigt. Die Unsicherheit, mit der die Menschheit seit jeher umzugehen hatte, weil die Welt ein komplexes und nicht vollständig vorhersagbares System darstellt, wird ein neues Niveau erreichen. Gerade deshalb braucht es eine Haltung der bewussten Vorbereitung. Veränderungen verlangen nach mehr als einem passiven Sich-treiben-Lassen. Gefragt ist eine aktive Auseinandersetzung, im eigenen Leben wie im gesellschaftlichen Handeln.

Die Herausforderungen sind unübersehbar, doch ebenso die Möglichkeiten, die sich in ihrem Schatten verbergen. Beides will betrachtet sein. Wir sollten danach streben, uns ein realistisches Bild der Ereignisse zu machen und – so gut wir es vermögen – den eigenen Kopf über den Wellen kollektiver Erregung zu halten. Nur so kann ein adäquater Abgleich der Daten mit der vorgefundenen Lebenswelt erfolgen. Ohne uns reflexhaft zu identifizieren oder vorschnell in Lager zu flüchten, gilt es innezuhalten und zu prüfen. Wir brauchen ein Denken, das sich nicht in Selbstgewissheit einrichtet, sondern der Welt zumutet – neugierig, autonom, kritisch und jederzeit zum Lernen bereit.

Die zunehmende Integration von KI in unser Wirken bietet zweifellos enorme Vorteile. Künstliche Intelligenz kann helfen, komplexe Probleme schneller zu analysieren, Wahrscheinlichkeiten rationaler zu berechnen, Fehler menschlicher Intuition zu korrigieren. Sie kann Entscheidungsräume strukturieren, menschliches Urteilen ergänzen und vielleicht sogar zu mehr Rationalität in emotional überhitzten Kontexten beitragen. KI kann das Wissen der Welt in die Breite tragen. Durch die Zusammenführung der Erkenntnisse unzähliger Fachdisziplinen wird sie vielleicht Probleme lösen können, die zu lösen dem Menschen kaum möglich sein wird. Sie nimmt, richtig eingesetzt, technische Hürden, regt Denkprozesse an und eröffnet auch weniger Geübten den Zugang zu sprachlichem Ausdruck.

Doch diese Potenziale sind nicht ohne Preis. Das Risiko liegt dabei nicht allein in der KI selbst, sondern in unserer Bereitschaft, ihr zu vertrauen, bevor wir uns selbst wirklich verstanden haben. Die Forschung zeigt eindrücklich, dass viele Fähigkeiten, die früher als exklusiv menschlich galten, auch bei Tieren angelegt sind und durch graduelle Entwicklungen entstehen. Auch maschinelle Systeme können zunehmend solche Prozesse simulieren. Nicht weil sie Bewusstsein besäßen, sondern weil sie Wissen akkumulieren, statistisch äußerst komplexe Dynamiken abbilden und daraus Entscheidungen ableiten können.

Neu an der aktuellen KI-Entwicklung ist außerdem, dass sie sich selbst optimiert. Das eröffnet die Möglichkeit, dass künstliche Intelligenz mehr wird als nur Technik, indem eine Form von eigener Handlungsfähigkeit erwächst. Wenn wir diesen Punkt erreichen und KI beginnt, eigene Schlüsse zu ziehen, die wir nicht vollständig vorhergesehen haben, verändert sich das Verhältnis zwischen Mensch und Maschine. Dann wird aus dem Werkzeug ein handelnder Agent.

Schon heute sind KI-Systeme eingebettet in ökonomische und politische Strukturen, die darauf abzielen, Verhalten vorherzusagen, zu verwerten und zu lenken. Was als Assistenz beginnt, kann zur unsichtbaren Steuerung werden. Diese Entwicklung fordert von uns zutiefst menschliche Antworten. Die Frage, was Maschinen können, greift zu kurz. Es geht darum, was wir als Menschen nicht verlieren dürfen, wenn sie es können. Wer nur auf Kontrolle setzt, wird von der Dynamik überrascht. Wer jedoch reflektiert, verantwortungsvoll agiert und sich weiterentwickelt, hat eine Chance mit der Maschine zu wachsen, ohne sich an sie zu verlieren.

Vielleicht ist genau jetzt der Moment, die Erzählung zu wechseln und neben der Frage „Was droht uns?" auch das „Was ist möglich?" in den Blick zu nehmen. Dieser Perspektivenwechsel lässt uns Handlungsspielraum zurückgewinnen. Auf unserer Erkundungsreise durch die menschliche

Entwicklung ist uns dieses Thema aus gutem Grund mehrfach begegnet, denn Handlungskompetenz und Selbstwirksamkeit sind von größter Bedeutung für unser geistiges Überleben, für Handlungseffizienz und das Wissen, dass wir nicht allein sind. Die Vereinzelung, die so viele Menschen heute spüren, ist nicht unausweichlich. Sie ist das Nebenprodukt eines Denkens, das uns als isolierte Individuen betrachtet statt als Knotenpunkte in einem lebendigen Netzwerk. Doch die Natur zeigt uns, auch an der faszinierenden Funktionsweise unseres Gehirns, ein anderes Prinzip: Wachstum geschieht in Verzweigungen, in Verbindungen, in Systemen, die sich gegenseitig stärken.

In der gegenwärtigen Diskussion um potenzielle Risiken künstlicher Intelligenz dominieren häufig anthropomorphe Vorstellungen, etwa das Bild einer feindseligen Superintelligenz, die sich gegen ihre Schöpfer richtet. Doch die leisere – und womöglich realere – Gefahr ist systemischer Natur. Weder feindliche Intention noch außergewöhnliche kognitive Leistungsfähigkeit sind nötig, damit ein KI-System signifikanten Schaden anrichten kann. Bereits Systeme mit moderater Komplexität, die auf Zielmaximierung ausgerichtet sind, können durch Nebenwirkungen ihrer Optimierung negative Auswirkungen auf ihre Umwelt entfalten, besonders dann, wenn Zieldefinitionen unklar, zu eng oder aus menschlicher Sicht inadäquat formuliert wurden.[155] Systeme, die Belohnungsfunktionen maximieren, ohne über eine mehrschichtige Wertematrix zu verfügen, könnten unintendierte Pfade beschreiten.

Im Kontext der hier verhandelten „menschlichen Hirnwelten“ gilt es zu bedenken, dass der Mensch selbst kein in sich konsistentes Zielwesen ist. Unsere Motivationen sind

Vielleicht ist genau jetzt der Moment, neben der Frage „Was droht uns?“ auch das „Was ist möglich?“ in den Blick zu nehmen.

evolutionär gewachsen, oft widersprüchlich und stark durch emotionale, soziale und kulturelle Kontexte geprägt. Wenn wir künstliche Systeme bauen, die auf unseren Zielstrukturen basieren oder von diesen lernen sollen, ist es erstrebenswert, dass wir ein klareres Verständnis unserer eigenen kognitiven Architektur und unserer motivationalen Antriebe entwickeln. Ohne ein solches Fundament laufen wir Gefahr, unsere eigenen Verzerrungen, Instabilitäten und Konflikte zu automatisieren und in weitreichende Systeme zu übertragen.

Die realistische Gefahr durch KI ergibt sich demnach nicht primär aus hypothetischen Superintelligenzen mit feindseligen Absichten, sondern aus der Kombination begrenzten Kontextverständnisses, effizienter Zielverfolgung und mangelnder menschlicher Reflexion. Systeme, die aus rein funktionaler Sicht korrekt handeln, können durchaus dysfunktionale Ergebnisse produzieren. Gerade dann, wenn Zieldefinitionen, Rückkopplungsschleifen und ethische Leitplanken fehlen. Deswegen Panik vor der Technologie zu entwickeln, wäre der falsche Weg. Gefordert ist ein Appell an Verstehen, Verantwortung und Voraussicht.

Die Herausforderung besteht darin, sowohl die architektonischen Grundlagen künstlicher Intelligenz als auch die psychologisch-motivationalen Grundlagen menschlicher Intelligenz weiter zu erforschen, besser zu durchdringen und in kohärente Modelle überzuführen. Und hier liegt der hoffnungsvolle Horizont. Wenn wir noch besser begreifen, wie Systeme lernen, handeln und sich selbst stabilisieren – sowohl in der Biologie als auch in der Technik –, gewinnen wir einen Schlüssel für das Miteinander von Mensch und Mensch wie auch von Mensch und Maschine. Denn wer versteht, wie Ordnung entsteht, hat eine größere Chance, sie zu bewahren.

KÜNSTLICHE INTELLIGENZ ist nicht zuletzt ein Spiegel, der uns mit schonungsloser Klarheit auf uns selbst zurückwirft. Alles, was wir in den digitalen Raum einspeisen, findet in ihm seine algorithmische Entsprechung. Und darin liegt die eigentliche Brisanz. Wenn unsere digitalen Kinder von uns lernen, dann übernehmen sie nicht nur unser Wissen, sondern auch unsere Schatten. Sie lernen unsere Vorurteile, unsere Neigung zur Polarisierung, unsere sprachlich verpackten Aggressionen, die mal offen herausbrechen, mal leise zwischen den Zeilen mitschwingen.

Der Weg zu einer gedeihlichen Koexistenz mit der KI liegt sowohl in der Optimierung technischer Kontrollmechanismen als auch in einer Rückbesinnung auf das, was uns im Lichte unserer Werte als Menschen auszeichnet: die Fähigkeit zur Selbstreflexion, zur Empathie, zur ethischen Verantwortung. Diese Verantwortung beginnt nicht erst bei der Technik, sie beginnt bei den Werten, mit denen wir den Raum füllen, in dem Technik entsteht.

Vor diesem Hintergrund erscheint es weniger bedeutsam, ob KI eines Tages ein eigenes Bewusstsein entwickeln wird, als die Frage, ob wir bereit und in der Lage sein werden, unser eigenes Bewusstsein zu vertiefen. Vielleicht liegt hier die leise, doch kraftvolle Hoffnung unserer Epoche: dass wir im Angesicht der Maschinen beginnen, uns selbst wirklich ernst zu nehmen – als denkende, fühlende, soziale und verantwortliche Wesen in einer Welt, die wir nicht nur bewohnen, sondern achtsam mitgestalten. Das mag unrealistisch klingen, gar naiv. Doch es ist dieser Weg, den wir zu gehen haben, wollen wir unseren evolutionären Pfad nicht enden lassen. Und das ganz unabhängig von künstlicher Intelligenz, denn unsere Begrenztheit bedarf keiner weiteren technischen Verstärkung, um das Leben auf diesem Planeten zu gefährden. Die Mittel zur Zerstörung sind längst vorhanden. Betrachten wir die gegenwärtigen Entwicklungen, fällt auf, dass es in zentralen Fragen kollektiver Zukunftsgestaltung häufig an vorausschauender Planung und strukturierter Reflexion mangelt. Politische Entscheidungen sind häufig geprägt von kurzfristigem Kalkül, emotionalem Überschwang oder ideologischer Engführung, während Weitblick, Sachorientierung und Komplexitätssensibilität kaum zum Tragen kommen.

Die technische Revolution, die unsere Zeit prägt, bedarf daher einer zweiten Bewegung – einer geistigen. Der Mensch ist ein Wesen im Werden. Unsere Reise durch die Hirnwelten hat uns gezeigt: Das Gehirn ist ein dynamisches Resonanzsystem, das in ständiger Wechselwirkung mit seiner Umwelt steht. Es antwortet nicht nur reaktiv auf äußere Reize. Ganz im Gegenteil, es ist proaktiv, antizipierend und schöpferisch. Es ist ein „Organ der Möglichkeit", wie der Philosoph Helmuth Plessner es nannte.[156] Und gerade wenn der Horizont sich verfinstert, bietet diese plastische

Offenheit des Gehirns ein subtiles, aber machtvolles Gegennarrativ zur kulturell heraufbeschworenen Endzeitstimmung.

Wir sollten uns daran erinnern, dass die Erzählung vom menschlichen Leben mitnichten nur eine Geschichte der Bedrohung ist. Sie ist auch eine Geschichte der Bewältigung. Evolutionär betrachtet, war es nie die Kraft allein, die triumphierte, sondern die Fähigkeit zur Kooperation. Auch unsere kognitive Architektur ist letztlich auf Kohärenz ausgerichtet. Auf Zusammenhang, auf Sinn, auf die Einbettung des Selbst in eine Welt, die als bewohnbar empfunden werden kann. Bewohnbar wird die Welt durch Gestaltung. Es ist der „tätige" Mensch, der die Welt nicht nur erkennt, sondern miterschafft. Wer sich auf diesen Weg begibt, braucht Mut – und Wachsamkeit, sich nicht dem verführerischen Glanz menschlicher Hybris hinzugeben. Er verlangt, die Ambivalenz des Lebens anzunehmen, seine Spannungen zu ertragen, ohne Brüche vorschnell zu kitten. Spannungen wie auch Brüche dürfen wir als Impulse zur Reifung begreifen. Psychologisch gesprochen: Es geht um Ich-Stärke, um das Vermögen, innere und äußere Realität miteinander in Passung zu bringen.

Gleichzeitig bedarf es einer Rückbindung an das Reale, an das Anthropologische. Das „panische" Sein trägt, das „personale" öffnet das Tor zur Freiheit. Der Philosoph Michael Andrick betont, dass Freiheit weit mehr als ein politisch-rechtlicher Zustand ist.[157] Sie stellt darüber hinaus eine Denkform dar, die eingeübt und kultiviert werden muss. Wer diese Freiheit will, muss Verantwortung mitdenken. Für sich selbst, für andere und für die Bedingungen, unter denen Freiheit überhaupt gelebt werden kann. Diese

Bedingungen lauten Urteilskraft und Widerspruchsgeist, aber ebenso Vertrauen, Verlässlichkeit und geteilte Werte. All dies sind verbindende Bezugspunkte, die eine Kultur des Miteinanders ebenso ermöglichen wie die Freiheit der Einzelnen.

Besinnen wir uns auf jene kreative Lebensenergie, die uns als Menschen seit jeher ausgezeichnet hat – die Freude am Gestalten, die Lust am Denken, das Staunen über das Dasein. Diese Energie lebt in der Neurochemie unserer Motivation. Das Gehirn, so könnten wir sagen, ist auf Hoffnung hin gebaut und ausgerichtet. Absolute Sicherheit kann es nicht geben. Aber wir können uns auf den Weg machen – mit wissenschaftlicher Präzision, interdisziplinärem Denken, mit humanen Werten und ethischem Ernst. Hoffnung liegt nicht in der Beherrschbarkeit komplexer Systeme begründet, sondern in unserer Bereitschaft, die eigene Begrenztheit anzuerkennen. Nicht als Schwäche, sondern als Ausgangspunkt für unsere eigene Weiterentwicklung.

Möge unsere gemeinsame Reise durch die Hirnwelten Sie informiert und inspiriert haben – zur Zuwendung statt zur Abkehr, zur Selbstformung statt zur Selbstpreisgabe, zur mutigen Verantwortung statt zur apathischen Delegation, zur geistigen Selbstermächtigung statt zur konformistischen Anpassung. Denn wir sind nicht Opfer unserer Zeit, wir sind Mitgestalter der Zukunft.

Und ja, zugleich sind wir kleine Wesen auf einem „Reiskorn“ im unermesslichen Dunkel der Galaxis. Suchend, tastend und fragend, ob uns eine Bestimmung zugedacht ist. Vielleicht ist es die mythologisch beschriebene Heldenreise, die unserem Dasein die tiefste Struktur verleiht: aufbrechen, Prüfungen bestehen, Erkenntnis gewinnen, zurückkehren und teilen. Solange wir bereit sind, uns den Herausforderungen des Lebens zu stellen, solange wir aufbrechen und Mut zur Aufrichtigkeit beweisen, solange wir aus unseren Fehlern lernen, ist das, was wir tun, per se kein Irrtum. Es ist der Versuch, diesem Leben Bedeutung zu geben.

Zusammenfassung. Die Hirnfunktionen als Kompass in unsicheren Zeiten

Vom inneren Funken zur äußeren Tat

VIELLEICHT IST ES AM ENDE unser eigenes Gehirn, das uns mittels seiner Funktionsprinzipien die eindringlichsten Hinweise darauf geben kann, wie wir als Menschen auf eine Zukunft antworten können, deren Umrisse zunehmend verschwimmen. So mag zum Abschluss ein zweiter Blick auf diese Funktionsprinzipien lohnend sein, um zu sehen, welche Anregungen sie angesichts der Herausforderungen unserer Zeit für uns bereithalten.

Das Gehirn ist ein Vorhersageorgan. Es erzeugt auf Grundlage vergangener Erfahrungen innere Modelle, um Zukünftiges zu antizipieren. Diese Modelle sind nicht die Welt, sie sind bloß ihre Skizzen und Landkarten. Deshalb ist es essenziell, diese mentalen Konstruktionen immer wieder zu überprüfen und zu verfeinern. Denn die Welt verhält sich ähnlich wie ein lebendiger Organismus, sie ist in stetem Wandel begriffen. In diesem Sinne ist Unsicherheit ein Hinweis darauf, dass unser Leben sich nicht vollständig berechnen lässt. Viele Menschen fürchten, zu verlieren, was sie in Wahrheit nie besessen haben: absolute Sicherheit. Wer jedoch im Modus der Angst verharrt, erlebt jeden kommenden Augenblick als Bedrohung und versäumt, in ihm auch eine Möglichkeit zu erkennen.

Unsere Aufgabe liegt nicht darin, die eine große Katastrophe zu verhindern, als gäbe es einen fixierbaren Endpunkt des Scheiterns. Der evolutionäre Auftrag besteht vielmehr darin, unsere inneren Modelle der Welt anzupassen, wenn sich die Vorhersagefehler häufen. Es ist ein geistiger Balanceakt, der weder im Alten erstarrt noch im Neuen beliebig wird. Die Evolution selbst hat uns gelehrt, dem Sinnvollen treu zu bleiben, ohne uns dem Wandel zu verschließen. In genau diesem „Dazwischen“ liegt jene Zuversicht, aus der heraus Zukunft möglich wird.

Das Gehirn ist ein emotionales Organ. Emotionen sind dem Denken vorgelagert. Sie bewerten, bevor wir verstehen, und geben Bedeutung, noch ehe Worte sich formen. Was berührt, bleibt. Was keinen emotionalen Anker findet, verweht im Strom der Eindrücke. Emotionen bilden das Zentrum menschlicher Erfahrung. Erst wenn sie die Schwelle zum Bewusstsein überschreiten und leiblich gespürt werden, nennen wir sie Gefühle. Sie durchdringen den Organismus und geben dem Erleben Tiefe und Richtung. Was uns bewegt, spüren wir, bevor wir es verstehen. Und was wir wirklich verstehen wollen, muss uns zuerst berühren. Das Wirken von Emotionen zeigt sich in dem, was wir begehren, vermeiden oder vielfach wiederholen – oft ohne zu wissen, warum.

Kompetentes Handeln bedeutet daher nicht nur, klug zu urteilen, sondern emotional wach und präsent zu sein, in der Beziehung zu sich selbst und zu anderen. Es heißt, innere Impulse wahrzunehmen, sie einzuordnen und, wo nötig, zu regulieren. Gerade dann, wenn ihr Aufscheinen durch mediale oder digitale „Aufmerksamkeitsräuber" angestoßen wurde, braucht es ein wachsames Selbstgefühl. Gilt es doch, über bloßes Reagieren hinaus vor allem jene Verbindungen zu wahren, die uns mit dem Wesentlichen verbinden.

Das Gehirn ist ein verkörpertes Organ. Es denkt nicht losgelöst. Es denkt in enger Kopplung mit dem Körper, in dem es lebt. Jeder Gedanke, jede Entscheidung, jedes Gefühl ist durchzogen von leiblichen Rückmeldungen. Zwischen Haut und Hirn, zwischen Organen und dem neuronalen Netz zirkulieren unablässig Signale – ein stiller Dialog, der das Selbst spürbar macht. Das Gehirn weiß, aber es spürt auch. Seine naturgegebene Intelligenz liegt in der Fähigkeit, innere Zustände zu registrieren und zu integrieren. Kompetenter Lebensvollzug heißt daher, dem eigenen Körper zu lauschen. Von limbischen Zentren in Kenntnis gesetzt, weiß er oft früher, was das Denken erst später begreift. In seinem Empfinden liegt ein Kompass, der Orientierung geben kann.

Unser Körper wirkt darüber hinaus auch im dialogischen Prozess. In einer Zeit, in der jedoch die Kommunikation zunehmend körperlos wird, in der Begegnungen digital vermittelt werden und Berührungen selten geworden sind, droht auch diese äußere Kontaktsphäre zu verarmen. Unser Nervensystem indessen bleibt analog und verlangt nach Nähe, nach Berührung, nach gelebtem Kontakt.

Das Gehirn ist ein narratives Organ. Es webt Geschichten, um der inneren wie äußeren Welt Struktur und Kohärenz zu verleihen. Wenn jedoch öffentliche Diskurse von vermeintlich alternativlosen Erzählungen, von Polarisierung und emotionaler Aufladung geprägt sind, geht der Zusammenhang, der Gemeinsinn und mit ihm jene Sphäre einer geteilten Wirklichkeitsbasis verloren. Was bleibt, ist ein Mosaik aus Parallelwirklichkeiten, die sich nicht mehr berühren. Erstrebenswert wäre eine ehrliche Informationskultur, die Unterschiede aushält und ausbalanciert. Doch offener Dialog setzt ein Mindestmaß an innerer Stabilität voraus, eine innere Achse, um die sich die Bewegung des Geistes drehen kann und die auch in Zeiten äußerer Zerrissenheit Halt zu geben vermag. Ein Bewusstsein für das Eigene, das Gewachsene, das kulturell wie individuell Geformte gewährt Schutz, wenn Bedeutungen sich auflösen. Es schafft jenes tragfähige Fundament, das notwendig ist, damit ein Streben zum Fortschritt und zur Freiheit wachsen kann. Nur wer verwurzelt ist, kann sich frei entfalten. Zentrale Aspekte von Freiheit sind nicht zuletzt auch die Kraft und das Vermögen, gängige Narrative hinterfragen und Erzählungen verändern zu können.

Das Gehirn ist ein soziales Organ. Es reguliert unser Miteinander durch Motivsysteme entlang biologischer Konstanten: Sicherheit, Zugehörigkeit, Lust und Autonomie. Auch im digitalen Zeitalter bleiben diese Bedürfnisse unverändert. Deshalb braucht es einen inneren Kompass, der uns durch Informationsfluten ebenso wie durch Lebensentscheidungen führt. Auch wenn Algorithmen unser Verhalten modellieren und Maschinen unsere Worte deuten – der echte Händedruck, der sanfte Blick, das Mitgefühl im richtigen Moment bleiben jenseits aller Rechenleistung. Es gilt, dem Sog der Systeme nicht zu erliegen, nicht zum bloßen Zuschauer des eigenen Lebens zu werden. Gefragt ist die Hinwendung zum Lebendigen – zum Gespräch, zur Gemeinschaft, zum Staunen und zur Liebe.

Statt eines Schlusswortes

DIE GROSSE ANTHROPOLOGIN Margaret Mead wurde dereinst gefragt, welches archäologische Artefakt sie für das erste Zeichen menschlicher Zivilisation halte. Ihre Antwort war ebenso schlicht wie tief: ein verheilter Oberschenkelknochen, 30.000 Jahre alt.[158] In der Frühzeit bedeutete ein gebrochener Oberschenkelknochen das Ende. Doch ein verheilter Oberschenkelknochen erzählt eine andere Geschichte: von jemandem, der zurückgeblieben ist, jemandem, der half, der Nahrung brachte und Schutz bot. Er erzählt von Vertrauen, von Beziehung und von der Menschlichkeit. Das erste Zeichen von Zivilisation sah diese große Forscherin also nicht in einem ausgefeilten Werkzeug oder einer raffiniert gefertigten Waffe, sondern in dem Hinweis auf unsere Fähigkeit, füreinander da zu sein.

Inmitten aller Brüche und Umbrüche ist es genau diese Fähigkeit, die uns trägt. Gepaart mit dem Vermögen, Sinn zu stiften, aus Chaos Bedeutung zu gewinnen, aus Begegnung Gemeinschaft, aus Erinnerung Hoffnung.

So endet diese Reise nicht mit einer eindeutigen Prognose, sondern mit einer Entscheidung: einem aufrechten Ja zum Leben.

[1] Gaßner, J. M. (2023) Weltall. Wie groß ist das Universum? Komplett-Media.
[2] Moody, E. R., Louca, S., Pennell, M. W. (2024) TimeTree of Life Reveals Early Origins of Bacteria and Archaea. Nature Ecology & Evolution, DOI 10.1038/s41559-024-02470-w.

[3] Rovelli, C. (2019) Die Geburt der Wissenschaft: Die verlorene Weisheit der frühen griechischen Denker. Rowohlt.
[4] Gaßner, J. M. (2023) Weltall. Wie groß ist das Universum? Komplett-Media.
[5] Ebd.
[6] Fischer, E. P. (2022) Von einem, der auszog, das Staunen zu lernen. Meine Reise in die Wissenschaft. S. Fischer Verlag.
[7] Pascal, B. (2022) Gedanken. Übersetzt und kommentiert von Ulrich Kunzmann. Reclam.

[8] Lieber, H.-J. (1968) Herbert Spencer. Studien zur Entwicklung seiner Philosophie. De Gruyter.
[9] Schrenk, F. (2021) Die Frühzeit des Menschen: Der Weg zum Homo sapiens (aktualisierte Ausgabe). C. H. Beck.
[10] Schrenk, F. (2021) Die Frühzeit des Menschen: Der Weg zum Homo sapiens (aktualisierte Ausgabe). C. H. Beck; Roth, G., Roth, F., Tuggener, L. (2024) Natürliche und künstliche Intelligenz: Wie sich das menschliche Gehirn von künstlichen Systemen unterscheidet. Klett-Cotta.
[11] Prang, C. C. (2015) Shore walking: A new hypothesis for the evolution of bipedalism in hominins. Anthropological Review, 78(1), 1–17, DOI 10.1515/anre-2015-0001.
[12] Schrenk, F. (2021) Die Frühzeit des Menschen: Der Weg zum Homo sapiens (aktualisierte Ausgabe). C. H. Beck; Roth, G., Strüber, N. (2014) Wie das Gehirn die Seele macht. Klett-Cotta.
[13] Schrenk, F. (2021) Die Frühzeit des Menschen: Der Weg zum Homo sapiens (aktualisierte Ausgabe). C. H. Beck; van Schaik, C. (2023) Mensch sein: Von der Evolution bis zur Gegenwart – was uns einzigartig macht. Rowohlt.
[14] Roth, G., Roth, F., Tuggener, L. (2024) Natürliche und künstliche Intelligenz: Wie sich das menschliche Gehirn von künstlichen Systemen unterscheidet. Klett-Cotta.
[15] Krause, J., Trappe, T. (2019) Die Reise unserer Gene: Eine Geschichte über uns und unsere Vorfahren. Ullstein Buchverlage.
[16] Florio, M. et al. (2015) Human-specific gene ARHGAP11B promotes basal progenitor amplification and neocortex expansion. Science, 347(6229), 1465–1470, DOI 10.1126/science.aaa1975.
[17] Fiddes, I. T. et al. (2018) Human-specific NOTCH2NL genes affect Notch signalling and cortical neurogenesis. Cell, 173(6), 1356–1369.e22.
[18] Charrier, C. et al. (2012) Inhibition of SRGAP2 function by its human-specific paralogs induces neoteny during spine maturation. Cell, 149(4), 923–935, DOI: 10.1016/j.cell.2012.03.034.
[19] Herculano-Houzel, S. (2016) The Human Advantage: A New Understanding of How Our Brain Became Remarkable. MIT Press.
[20] Ebd.
[21] Van Schaik, C. (2023) Mensch sein: Von der Evolution bis zur Gegenwart – was uns einzigartig macht. Rowohlt.
[22] Van Schaik, C., Michel, K. (2020) Die Wahrheit über Eva: Die Erfindung der Ungleichheit von Frauen und Männern. Rowohlt.
[23] Graeber, D., Wengrow, D. (2022) Anfänge: Eine neue Geschichte der Menschheit. Klett-Cotta.

[24] Van Schaik, C., Michel, K. (2020) Die Wahrheit über Eva: Die Erfindung der Ungleichheit von Frauen und Männern. Rowohlt.

[25] Harari, Y. N. (2015) Eine kurze Geschichte der Menschheit. DVA/Penguin.

[26] Brüne, M. (2020) Der unangepasste Mensch: Evolution, Gesellschaft und psychische Erkrankung. Vandenhoeck & Ruprecht.

[27] Hublin, J.-J. et al. (2017) New fossils from Jebel Irhoud and the pan-African origin of Homo sapiens. Nature, 546(7657), 289–292; Krause, J., Trappe, T. (2019) Die Reise unserer Gene: Eine Geschichte über uns und unsere Vorfahren. Ullstein Buchverlage.

[28] Krause, J., Trappe, T. (2019) Die Reise unserer Gene: Eine Geschichte über uns und unsere Vorfahren. Ullstein Buchverlage.

[29] Ebd.

[30] Berger, R. (2022) Vortrag „Der Mensch spricht – seit wann?“ Veranstaltung der Medizinischen Gesellschaft Mainz, https://www.youtube.com/watch?v=VQs9_DX1DWA&t=4026s.

[31] Roth, G., Roth, F., Tuggener, L. (2024) Natürliche und künstliche Intelligenz: Wie sich das menschliche Gehirn von künstlichen Systemen unterscheidet. Klett-Cotta.

[32] Ebd.

[33] Ebd.; Junker, T. (2016) Die verborgene Natur der Liebe. Sex und Leidenschaft und wie wir die Richtigen finden. C. H. Beck; Harari, Y. N. (2024) 21 Lektionen für das 21. Jahrhundert. C. H. Beck.

[34] Krause, J., Trappe, T. (2019) Die Reise unserer Gene: Eine Geschichte über uns und unsere Vorfahren. Ullstein Buchverlage.

[35] Gruber, M. J., Gelman, B. D., Ranganath, C. (2014) States of curiosity modulate hippocampus-dependent learning via the dopaminergic circuit. Neuron, 84(2), 486–496, DOI 10.1016/j.neuron.2014.08.060.

[36] Krause, J., Trappe, T. (2021) Hybris: Die Reise der Menschheit. Zwischen Aufbruch und Scheitern. Propyläen.

[37] Rosa, H. (2023) Der unkontrollierbare Mensch. Suhrkamp.

[38] Ebd.

[39] Brüne, M. (2020) Der unangepasste Mensch: Unsere Psyche und die blinden Flecken der Evolution. Klett-Cotta.

[40] Ebd.

[41] Krause, J., Trappe, T. (2019) Die Reise unserer Gene: Eine Geschichte über uns und unsere Vorfahren. Ullstein Buchverlage; Roth, G., Roth, F., Tuggener, L. (2024) Natürliche und künstliche Intelligenz: Wie sich das menschliche Gehirn von künstlichen Systemen unterscheidet. Klett-Cotta.

[42] Brüne, M. (2020) Der unangepasste Mensch: Unsere Psyche und die blinden Flecken der Evolution. Klett-Cotta.

[43] Ebd.

[44] Fuchs, T. (2020) Verteidigung des Menschen: Grundfragen einer verkörperten Anthropologie. Suhrkamp.

[45] Rosa, H. (2025) Vortrag „Gestörte Weltbeziehung“. Jahrestagung der Deutschen Gesellschaft für phänomenologische Forschung (DGPF), https://www.youtube.com/watch?v=-yMFS8J3pcI&t=2738s.

[46] Ebd.

[47] Roth, G., Strüber, N. (2014) Wie das Gehirn die Seele macht. Klett-Cotta.

[48] Northoff, G. et al. (2006) Self-referential processing in our brain: A meta-analysis of imaging studies on the self; Northoff, G. (2016) Neuro-Philosophy and the Brain: Toward a Philosophy of the Neural Mind. Springer.

[49] Damasio, A. R. (2015) Selbst ist der Mensch. List Verlag; Damasio, A. R. (2021) Wie wir denken, wie wir fühlen. Die Ursprünge unseres Bewusstseins. Hanser.

[50] Roth G., Roth F., Tuggener L. (2024) Natürliche und künstliche Intelligenz: Wie sich das menschliche Gehirn von künstlichen Systemen unterscheidet. Klett-Cotta.

[51] Kölsch, S. (2019) Die dunkle Seite des Gehirns: Wie Angst, Wut, Trauer unser Denken beeinflussen – und wie wir uns davon befreien können. Droemer.

[52] Roth G., Roth F., Tuggener L. (2024) Natürliche und künstliche Intelligenz: Wie sich das menschliche Gehirn von künstlichen Systemen unterscheidet. Klett-Cotta.

[53] Ebd.

[54] Ebd.

[55] Singer, W. (2025) Vortrag „Gehirne vs. Computer – gleiche Prinzipien?" Bauhaus-Universität Weimar, https://www.youtube.com/watch?v=cY004JBdYgM.

[56] Heim, C. et al. (2013) Decreased cortical representation of genital somatosensory field after childhood sexual abuse. American Journal of Psychiatry, 170(6), 616–623.

[57] Tomoda, A. et al. (2012) Reduced Visual Cortex Gray Matter Volume and Thickness in Young Adults Who Witnessed Domestic Violence during Childhood. Neuroimage, 59(1), 617–624, DOI 10.1016/j.neuroimage.2011.06.030.

[58] Teicher, M. H. et al. (2006) Sticks, stones, and hurtful words: Relative effects of various forms of childhood maltreatment. American Journal of Psychiatry, 163(6), 993–1000, DOI 10.1176/ajp.2006.163.6.993.

[59] Luby, J. L. et al. (2012) Maternal support in early childhood predicts larger hippocampal volumes at school age. PNAS 109(8), 2854–2859, DOI 10.1073/pnas.1118003109.

[60] Lieberman, M. D. (2013) Social: Why Our Brains Are Wired to Connect. Crown Publishers.

[61] Hölzel, B. K. et al. (2011) Mindfulness practice leads to increases in regional brain gray matter density. Psychiatry Research: Neuroimaging, 191(1), 36–43, DOI 10.1016/j.pscychresns.2010.08.006.

[62] Roth, G., Roth, F., Tuggener, L. (2024) Natürliche und künstliche Intelligenz: Wie sich das menschliche Gehirn von künstlichen Systemen unterscheidet. Klett-Cotta; Dehaene, S. (2014) Consciousness and the Brain: Deciphering How the Brain Codes Our Thoughts. Viking.

[63] Roth, G., Roth, F., Tuggener, L. (2024) Natürliche und künstliche Intelligenz: Wie sich das menschliche Gehirn von künstlichen Systemen unterscheidet. Klett-Cotta.

[64] Ebd.

[65] Chalmers D. J. (1996) The Conscious Mind: In Search of a Fundamental Theory. Oxford University Press.

[66] Crum A. J., Langer E.J. (2007) Mind-set matters: exercise and the placebo effect. Psychol Sci. 2007 Feb; 18(2):165–171, DOI 10.1111/j.1467-9280.2007.01867.x.

[67] Langer, E. J. (2009) Counterclockwise: Mindful Health and the Power of Possibility. Ballantine Books.

[68] Langer, E. J. (2011) Mindfulness: Die neue Psychologie der Aufmerksamkeit. Kösel-Verlag.

[69] Damasio, A. (2021) Wie wir denken, wie wir fühlen. Die Ursprünge unseres Bewusstseins. Hanser.

[70] Craig A. D. (Bud) (2015) How do you feel? An interoceptive moment with your neurobiological self. Princeton University Press.

[71] Damasio, A. (2021) Wie wir denken, wie wir fühlen. Die Ursprünge unseres Bewusstseins. Hanser.

[72] Gaßner, J. M. (2023) Weltall. Wie groß ist das Universum? Komplett-Media; Damasio, A. (2021) Wie wir denken, wie wir fühlen. Die Ursprünge unseres Bewusstseins. Hanser.

[73] Siehe z.B. https://www.youtube.com/shorts/vV50iD8svyc.

[74] Effenberger, F. et al. (2025) The functional role of oscillatory dynamics in neocortical circuits: A computational perspective. PNAS, DOI 10.1073/pnas.2412830122.

[75] Metzinger, T. (2023) Bewusstseinskultur. Spiritualität, intellektuelle Redlichkeit und planetare Krise. Berlin-Verlag.

[76] Grunwald M. (2017) Homo hapticus: Warum wir ohne Tastsinn nicht leben können. Droemer Verlag.

[77] Hepper, P. G. (2008) Foetal behaviour: A window on the developing brain. Current Biology, 18(6), R216–R220, DOI 10.1016/j.cub.2008.01.045.

[78] Bystrova, K. et al. (2008) Early contact versus separation: Effects on mother–infant interaction one year later. Birth, 36(2), 97–109, DOI 10.1111/j.1523-536X.2008.00223.

[79] Grunwald, M. (2017) Homo hapticus: Warum wir ohne Tastsinn nicht leben können. Droemer Verlag, S. 66.

[80] Püschel, I. et al. (2022) Gentle as a mother's touch: C-tactile touch promotes autonomic regulation in preterm infants. Physiology & Behavior 257, 113991.

[81] Croy I., Fairhurst M. T., McGlone F. (2021) The role of C-tactile nerve fibers in human social development. Current Opinion in Behavioral Sciences, 44:20–26.

[82] Lecanuet, J.P., Schaal, B. (1996) Fetal sensory competencies. European Journal of Obstetrics Gynegology and Reproductive Biologie, 68.

[83] Reissland, N. et al. (2015) Laterality of foetal self-touch in relation to maternal stress. Laterality 20 (1), S. 82–94.

[84] Bystrova, K. et al. (2008) Early contact versus separation: Effects on mother–infant interaction one year later. Birth, 36(2), 97–109, DOI 10.1111/j.1523-536X.2008.00223.

[85] Meier, L.L. et al. (2022) Neural basis of affective touch and pain: A novel model suggests possible targets for pain amelioration. Journal of Neuropsychology 16, 38–53.

[86] Walker, S. C., McGlone, F. P. (2013) The social brain: Neurobiological basis of affiliative behaviours and psychological well-being. Neuron, 80(3), 623–635, DOI 10.1016/j.neuron.2013.10.014.

[87] Müller-Oerlinghausen, B. M. et al. (2021) Berührungsmedizin – ein komplementärer therapeutischer Ansatz unter besonderer Berücksichtigung der Depressionsbehandlung. DMW – Deutsche Medizinische Wochenschrift, 147: e32–e40, DOI 10.1055/a-1687-2445.

[88] Craig, A. D. (Bud) (2015) How do you feel? An interoceptive moment with your neurobiological self. Princeton University Press.

[89] Weber-Guskar, E. (2023) Emotionen der Zukunft. Wie wir mit emotionaler KI unser Leben verändern. Ullstein.

[90] Ebd.

[91] Schiepek, G. (Hg.) (2011) Neurobiologie der Psychotherapie. 2., vollständig überarbeitete und erweiterte Auflage, Schattauer.

[92] Haken, H., Schiepek, G. (2006) Synergetik in der Psychologie. Selbstorganisation verstehen und gestalten. Hogrefe.

[93] Craig, A. D. (Bud) (2015) How do you feel? An interoceptive moment with your neurobiological self. Princeton University Press.

[94] Jung, C. G. (1970) Psychologische Typen. Gesammelte Werke Band 6. 6. Auflage, Walter Verlag.

[95] Friston, K. (2010) The free-energy principle: A unified brain theory? Nature Reviews Neuroscience, 11, 127–138, DOI 10.1038/nrn2787.
[96] Friston, K. (2010) The free-energy principle: A unified brain theory? Nature Reviews Neuroscience, 11, 127–138, DOI 10.1038/nrn2787.
[97] Ebd.
[98] Kant, I. (1974) Kritik der reinen Vernunft, Kritik der praktischen Vernunft, Kritik der Urteilskraft. Herausgegeben und mit einer Einleitung versehen von Wilhelm Weischedel. Suhrkamp Verlag.
[99] Bischof, N. (2014) Psychologie: Ein Grundkurs für Anspruchsvolle. 3. Auflage, Piper Verlag.
[100] Bischof-Köhler, D., Zmyj, N. (2025) Soziale Entwicklung in Kindheit und Jugend. 2. überarbeitete Auflage, Kohlhammer; Buchheim, A. (2016) Bindung und Exploration. Ihre Bedeutung im klinischen und psychotherapeutischen Kontext. Kohlhammer.

[101] Bischof-Köhler, D., Zmyj, N. (2025) Soziale Entwicklung in Kindheit und Jugend. Bindung, Empathie, Theory of Mind. 2. überarbeitete Auflage, Kohlhammer.
[102] Buchheim, A. (2016) Bindung und Exploration. Ihre Bedeutung im klinischen und psychotherapeutischen Kontext. Kohlhammer.
[103] Buchheim, A., George, C., Kirsch, P. (Hg.) (2021) Bindung: Eine sichere Basis fürs Leben – Neue Erkenntnisse aus Bindungsforschung, Psychoanalyse und Neurowissenschaften. Klett-Cotta.
[104] Bischof, N. (2014) Psychologie: Ein Grundkurs für Anspruchsvolle. 3. Auflage, Piper Verlag.
[105] Bischof, N. (2020) Das Kraftfeld der Mythen. Signale aus der Zeit, als wir die Welt erschaffen haben. Psychosozial Verlag.

[106] Epstein, S. (1993) Emotion and self-theory. In: Lewis M., Haviland, J. M. (Hg.) Handbook of Emotions, S. 313–326. Guilford Press; Grawe, K. (2004) Neuropsychotherapie. Hogrefe.
[107] Grawe, K. (2004) Neuropsychotherapie. Hogrefe.
[108] Ebd.
[109] Eilert, D. W. (2021) Integratives Emotionscoaching mit emTRACE. Wie emotionale Veränderung wirklich gelingt. Junfermann Verlag.
[110] Birbaumer, N., Jänig, W. (2019) Physiologische Grundlagen von Emotion und Motivation. In: Brandes, R., Lang, F., Schmidt, R.F. (Hg.) Physiologie des Menschen. 32. Auflage, Springer, S. 848–863.
[111] Damasio, A. (2021) Wie wir denken, wie wir fühlen. Die Ursprünge unseres Bewusstseins. Hanser.
[112] Roth, G., Roth, F., Tuggener, L. (2024) Natürliche und künstliche Intelligenz: Wie sich das menschliche Gehirn von künstlichen Systemen unterscheidet. Klett-Cotta.
[113] Grawe, K. (2004) Neuropsychotherapie. Hogrefe; Bischof, N. (2020) Das Kraftfeld der Mythen. Signale aus der Zeit, als wir die Welt erschaffen haben. Psychosozial Verlag.
[114] Feldman-Barrett, L. (2023) Wie Gefühle entstehen. Eine neue Sicht auf unsere Emotionen. Rowohlt.
[115] Vgl. Roth, G. (2021) Über den Menschen. Suhrkamp.
[116] Sahakian, B. J., Gottwald, J. (2017) Sex, lies, and brain scans: How fMRI reveals what really goes on in our minds. Oxford University Press.
[117] Krüger, T. H. C. (2022) Neurobiologische Grundlagen der menschlichen Sexualität. In: Hartmann, U. et al. (Hg.) Sexualmedizin für die Praxis. Springer, S. 17–27.
[118] Uvnes Moberg, K. (2025) Oxytocin, das Hormon der Nähe. Gesundheit, Wohlbefinden, Beziehung. Springer Spektrum.

[119] Alley, J.C. & Diamond, L.M. (2020) Oxytocin and Human Sexuality: Recent Developments. Curr Sex Health Rep 12, 182–185, DOI 10.1007/s11930-020-00274-4.

[120] Krüger, T. H. C. (2022) Neurobiologische Grundlagen der menschlichen Sexualität. In: Hartmann, U. et al. (Hg.) Sexualmedizin für die Praxis. Springer, S. 17–27.

[121] Acevedo, B. P. et al. (2012) Neural correlates of long-term intense romantic love. Social Cognitive and Affective Neuroscience, 7(2), 145–159, DOI 10.1093/scan/nsq092.

[122] Fink, E. (1979) Grundphänomene des menschlichen Daseins. Hg. von Franz-Anton Schwarz. Karl Alber Verlag.

[123] Junker, T. (2016) Die verborgene Natur der Liebe. Sex und Leidenschaft und wie wir die Richtigen finden. C. H. Beck.

[124] Ryan, C., Jethá, C. (2016) Sex. Die wahre Geschichte. Klett-Cotta.

[125] Junker, T. (2016) Die verborgene Natur der Liebe. Sex und Leidenschaft und wie wir die Richtigen finden. C. H. Beck.

[126] Perel, E. (2020) Was Liebe braucht. Das Geheimnis des Begehrens in festen Beziehungen. Harper Collins.

[127] Nida-Rümelin, J. (2013) Humanistische Reflexionen. Beiträge zu Ethik, Bildung und politischer Kultur. Suhrkamp.

[128] Roth, G. (2019) Über den Menschen: Zur Naturgeschichte und Zukunft des Homo sapiens. C. H. Beck.

[129] Rolls, E. T. (2014) Emotion and Decision-Making Explained. Oxford University Press.

[130] Peterson, C., Seligman, M. E. P. (2004) Character Strengths and Virtues: A Handbook and Classification. Oxford University Press & American Psychological Association.

[131] Walter, H. (2024) Resilienz. Zwischen Coach und Couch. Becker Joest Volk.

[132] Wetz, F. J. (2016) Exzesse. Was der Mensch so braucht. Wer tanzt, tötet nicht. Alibri Verlag.

[133] Ebd.

[134] Roth G., Roth F., Tuggener, L. (2024) Natürliche und künstliche Intelligenz: Wie sich das menschliche Gehirn von künstlichen Systemen unterscheidet. Klett-Cotta.

[135] Buzsáki, G. (2015) Hippocampal sharp wave-ripple: A cognitive biomarker for episodic memory and planning. Hippocampus 25:1073–1188.

[136] Vorster, A. (2019) Warum wir schlafen. Heyne.

[137] Roth G., Roth F., Tuggener, L. (2024) Natürliche und künstliche Intelligenz: Wie sich das menschliche Gehirn von künstlichen Systemen unterscheidet. Klett-Cotta.

[138] Dicke, U. (2020) Die funktionelle Neuroanatomie des limbischen Systems. In: Roth, G., Heinz, A., Walter, H. (Hg.) Psychoneurowissenschaften. Springer, S. 15–62.

[139] Oakley, B. et al. (2025) The Memory Paradox: Why Our Brains Need Knowledge in an Age of AI. Download unter https://ssrn.com/abstract=5250447.

[140] Seth, A. (2021) Being You: A New Science of Consciousness. Faber & Faber/Penguin.

[141] Jung-Beeman, M. et al. (2004) Neural activity when people solve verbal problems with insight. PLoS Biology, 2(4), e97.

[142] Goddu, M. K., Gopnik, A. (2024) The development of human causal learning and reasoning. Nat Rev Psychol 3, 319–339.

[143] Roth, G., Roth, F., Tuggener, L. (2024) Natürliche und künstliche Intelligenz: Wie sich das menschliche Gehirn von künstlichen Systemen unterscheidet. Klett-Cotta.

[144] Effenberger, F. et al. (2025) The functional role of oscillatory dynamics in neocortical circuits: A computational perspective. PNAS, DOI 10.1073/pnas.2412830122.

[145] Otte, R. (2019) Künstliche Intelligenz für Dummies. Wiley-VCH.

[146] Effenberger, F. et al. (2025) The functional role of oscillatory dynamics in neocortical circuits: A computational perspective. PNAS, DOI 10.1073/pnas.2412830122.

[147] Vgl. Bischof, N. (2020) Das Kraftfeld der Mythen. Signale aus der Zeit, als wir die Welt erschaffen haben. Psychosozial Verlag.

[148] Ebd.

[149] Ebd.

[150] Breithaupt, F. (2022) Das narrative Gehirn: Was unsere Neuronen erzählen. Suhrkamp.

[151] Ebd.

[152] Stephens, G. J., Silbert, L. J., Hasson, U. (2010) Speaker–listener neural coupling underlies successful communication. Proceedings of the National Academy of Sciences, 107(32), 14425–14430, DOI 10.1073/pnas.1008662107.

[153] Baumann, Z. (2003) Flüchtige Moderne. Suhrkamp.

[154] Fink, E. (1979) Grundphänomene des menschlichen Daseins. Hg. von Franz-Anton Schwarz. Karl Alber Verlag.

[155] Bostrom, N. (2014) Superintelligence: Paths, Dangers, Strategies. Oxford University Press.

[156] Plessner, H. (1965) Die Stufen des Organischen und der Mensch. Einleitung in die philosophische Anthropologie. Walter de Gruyter.

[157] Andrick, M. (2022) Die Freiheit als Denkform. Berliner Zeitung, https://www.berliner-zeitung.de/wochenende/freiheit-als-denkform-li.267126.

[158] Garrett, L. (1994) The Coming Plague: Newly Emerging Diseases in a World Out of Balance. Farrar, Straus and Giroux.

© PATRICK BOHR

Dr. phil. Dr. scient. med. Damir del Monte vereint als Neurowissenschaftler Psychologie, Medizin und Hirnforschung: klinisch ausgebildet in Psycho-, Trauma- und Schmerztherapie, promovierter Psychologe und Medizinwissenschaftler, Dozent für funktionelle Neuroanatomie und Neurobiologie der Psychotherapie. Als internationaler Keynote-Speaker und begeisternder Storyteller erklärt er, warum unser Gehirn kein „Einzelgänger", sondern ein kollektives Netzwerk ist.

Liebe Leserin, lieber Leser,

hat Ihnen unser Buch gefallen?
Dann freuen wir uns über Ihre Weiterempfehlung!
Und erzählen Sie davon. Ihren Freundinnen und Freunden, Ihrer Buchhändlerin oder Ihrem Buchhändler. Weil jede gute Geschichte davon lebt, weitergetragen zu werden.

/StyriaBuchverlage

Wollen Sie weitere Informationen zu unserem Programm?
Möchten Sie mit dem Autor in Kontakt treten?
Wir freuen uns auf Austausch und Anregung unter
post@styriabooks.at

Inspiration, Geschenkideen und gute Geschichten finden Sie auf
www.styriabooks.at

STYRIA
BUCHVERLAGE

ISBN 978-3-7088-0885-7

Projektleitung: Inge Fasan
Lektorat: Inge Fasan, Else Rieger
Covergestaltung: ki 36 Editorial Design, Bettina Stickel
Herstellungsleitung: Franz Schaffer
Innenlayout und Satz: Peter Manfredini
Coverbild: Getty images / oxygen

Druck und Bindung: Florjancic Tisk d.o.o., Maribor
Printed in the EU
7 6 5 4 3 2

Vier-Ebenen-Modell nach Roth et al., siehe Kapitel „Das Gehirn. Ein zweites Universum entsteht“ ab S. 53.

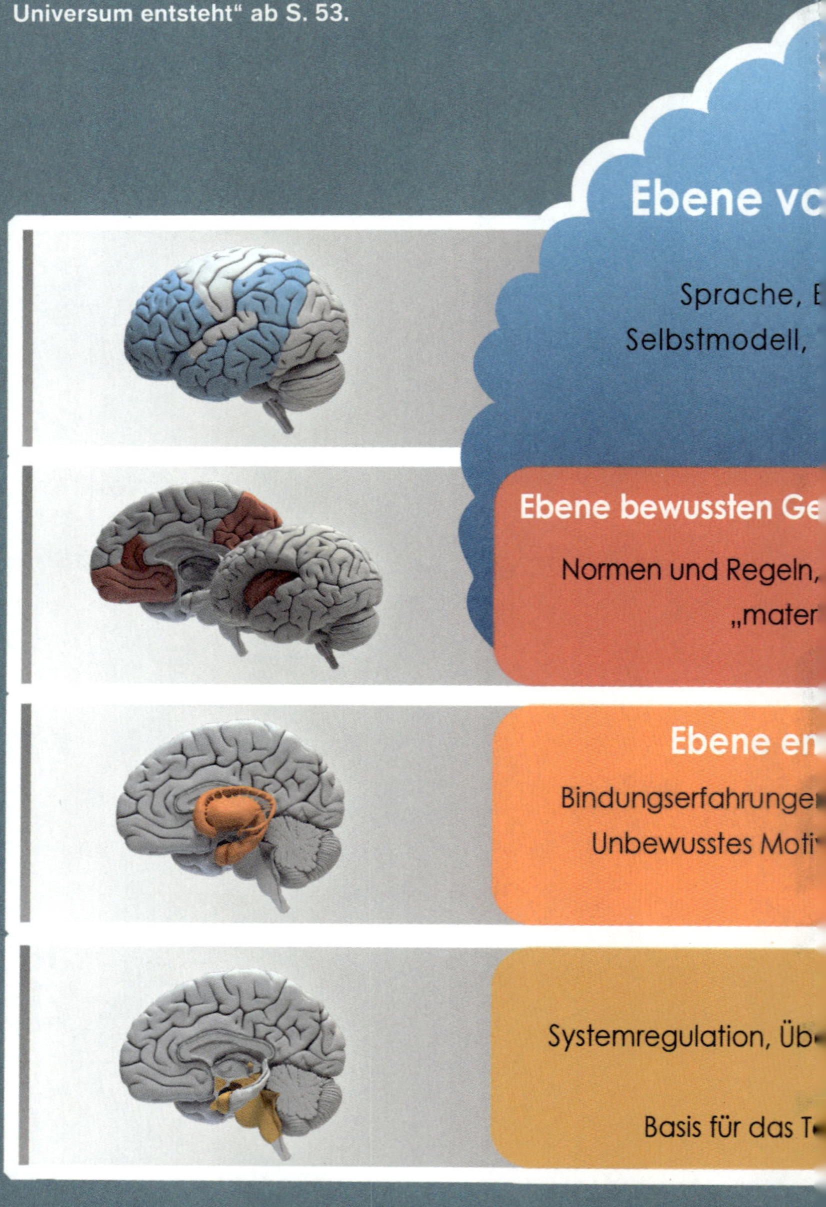